Der Alltag im Mathematikunterricht

# Mathematik Primar- und Sekundarstufe

Herausgegeben von
Prof. Dr. Friedhelm Padberg
Universität Bielefeld

**Bisher erschienene Bände**

## Didaktik der Mathematik

A.-M. Fraedrich: Planung von Mathematikunterricht in der Grundschule (P)
M. Franke: Didaktik der Geometrie (P)
M. Franke: Didaktik des Sachrechnens in der Grundschule (P)
K. Hasemann: Anfangsunterricht Mathematik (P)
G. Krauthausen/P. Scherer: Einführung in die Mathematikdidaktik (P)
G. Krummheuer/M. Fetzer: Der Alltag im Mathematikunterricht (P)
F. Padberg: Didaktik der Arithmetik (P)

G. Holland: Geometrie in der Sekundarstufe (S)
F. Padberg: Didaktik der Bruchrechnung (S)
H.-J. Vollrath/H.-G. Weigand: Algebra in der Sekundarstufe (S)
H.-J. Vollrath: Grundlagen des Mathematikunterrichts in der Sekundarstufe (S)
H.-G. Weigand/T. Weth: Computer im Mathematikunterricht (S)

## Mathematik

F. Padberg: Einführung in die Mathematik I – Arithmetik (P)
F. Padberg: Zahlentheorie und Arithmetik (P)
M. Stein: Einführung in die Mathematik II – Geometrie (P)
M. Stein: Geometrie (P)

H. Kütting: Elementare Stochastik (P/S)
F. Padberg: Elementare Zahlentheorie (P/S)
F. Padberg/R. Danckwerts/M. Stein: Zahlbereiche (P/S)

**Weitere Bände in Vorbereitung**

Mathematische Begabung in der Grundschule (P)

Didaktik der Geometrie (S)
Didaktik des Sachrechnens (S)
Didaktik der Analysis (S)

Einführung in die Elementargeometrie (P/S)

P: Schwerpunkt Primarstufe
S: Schwerpunkt Sekundarstufe

Götz Krummheuer / Marei Fetzer

# Der Alltag im Mathematikunterricht

## Beobachten – Verstehen – Gestalten

**Autoren**
Prof.Dr. Götz Krummheuer
Marei Fetzer
Institut für Didaktik der Mathematik
Johann-Wolfgang-Goethe-Universität Frankfurt am Main

**Wichtiger Hinweis für den Benutzer**
Der Verlag, der Herausgeber und die Autoren haben alle Sorgfalt walten lassen, um vollständige und akkurate Informationen in diesem Buch zu publizieren. Der Verlag übernimmt weder Garantie noch die juristische Verantwortung oder irgendeine Haftung für die Nutzung dieser Informationen, für deren Wirtschaftlichkeit oder fehlerfreie Funktion für einen bestimmten Zweck. Der Verlag übernimmt keine Gewähr dafür, dass die beschriebenen Verfahren, Programme usw. frei von Schutzrechten Dritter sind. Die Wiedergabe von Gebrauchsnamen, Handelsnamen, Warenbezeichnungen usw. in diesem Buch berechtigt auch ohne besondere Kennzeichnung nicht zu der Annahme, dass solche Namen im Sinne der Warenzeichen- und Markenschutz-Gesetzgebung als frei zu betrachten wären und daher von jedermann benutzt werden dürften. Der Verlag hat sich bemüht, sämtliche Rechteinhaber von Abbildungen zu ermitteln. Sollte dem Verlag gegenüber dennoch der Nachweis der Rechtsinhaberschaft geführt werden, wird das branchenübliche Honorar gezahlt.

**Bibliografische Information Der Deutschen Nationalbibliothek**
Die Deutsche Nationalbibliothek verzeichnet diese Publikation in der Deutschen Nationalbibliografie; detaillierte bibliografische Daten sind im Internet über http://dnb.d-nb.de abrufbar.

Springer ist ein Unternehmen von Springer Science+Business Media
Springer.de

1. Auflage 2005, unveränderter Nachdruck 2010

Spektrum Akademischer Verlag ist ein Imprint von Springer-Verlag GmbH

10 11 12 13 14 5 4 3 2



Planung und Lektorat: Dr. Andreas Rüdinger / Barbara Lühker
Umschlaggestaltung: SpieszDesign, Neu-Ulm
Satz: Autorensatz

ISBN 978-3-8274-1573-8

# Vorwort

> Es ist eine kuriose Tatsache, dass soziale Realität um so komplexer, um so variabler und in gewisser Weise um so ungeordneter erscheint, je näher wir ihrer Mikroebene kommen, und nicht, wie man annehmen möchte, je mehr wir die großen Fragen gesellschaftlicher Makrostrukturen berühren (KNORR-CETINA 2002, S. 84).

Wir möchten in diesem Buch über den Unterrichts*alltag* sprechen. Unser Ziel ist, dass er besser verstanden wird und damit auch anders gestaltbar wird. Wir begreifen diesen Alltag als das, was durch das konkrete, auf einander bezogene Handeln zwischen Lehrenden und Lernenden entsteht. Er stellt die Unterrichtsrealität auf der Mikroebene im Sinne des obigen Epigramms dar: Der Unterrichtsalltag ist komplex, variabel und erscheint auf den ersten Blick ungeordnet, vielleicht sogar undurchsichtig und man fühlt sich ihm ausgeliefert. Zugleich stellt dieser Alltag den Einflussbereich dar, den Lehrende durch ihr Handeln tagtäglich mitgestalten. Der Lehrer und die Lehrerin erfahren Unterrichtsalltag also einerseits als vorgefertigt, andererseits gestaltet er/sie ihn durch sein/ihr Handeln mit. Wir glauben, dass Lehrende den Unterrichtsalltag in so weit verstehen sollten, dass er für ihn oder sie nicht undurchsichtig bleibt und sich eventuell dauerhaft missverstanden gleichsam gegen seine oder ihre gut gemeinten Gestaltungsabsichten behauptet.
In diesem Buch wollen wir darlegen, wie sich die wechselseitig aufeinander bezogenen Handlungen im Unterricht zusammenfügen und wie hierdurch der Unterrichtsalltag von der Lehrperson und Schülern gemeinsam hervorgebracht wird. Wir wählen also nicht eine Perspektive, die vornehmlich das Lehrerhandeln in den Blick nimmt und dieses danach befragt, wie weit hierdurch die Intentionen des Lehrenden umgesetzt werden. Wir schauen vielmehr auf die *Interaktion* zwischen Lehrenden und

Schülern (NAUJOK / BRANDT / KRUMMHEUER 2004). Wir schauen uns den Unterricht gleichsam von ‚innen' an.
Genaues Beobachten, Beschreiben und Analysieren von „Episoden" alltäglichen Unterrichts soll zu diesem besseren Verstehen führen. Dabei greifen wir auf Beispiele des Mathematikunterrichts der Grundschule zurück. Insofern richtet sich dieses Buch an Grundschullehrerinnen und -lehrer sowie Studierende dieses Lehramts. Sie alle unterrichten Mathematik. Wir glauben aber, dass dieses Buch auch für Studierende der anderen Lehrämter und Fachrichtungen von Interesse sein kann, da der auf das Verstehen gerichtete Zugang auf die Unterrichtswirklichkeit des Mathematikunterrichts der Grundschule auf Theorieansätzen und Analyseverfahren fußt, die über den Mathematikunterricht und die Grundschule hinaus gültig sind. In einem Aspekt werden wir freilich eine Grundschulspezifik beibehalten: Wir werden die Lehrenden durchgängig im grammatisch weiblichen Geschlecht, also als ‚Lehrerinnen', bezeichnen. Für die Kinder hingegen wird durchgängig die maskuline Pluralform ‚Schüler' verwendet.

Das Buch gliedert sich in sieben Kapitel. In der Einführung werden wir an einem Unterrichtsbeispiel aus einer ersten Klasse auf fünf Aspekte der Unterrichtsinteraktion verweisen, die in den folgenden Kapiteln als Dimensionen des Unterrichtsalltags ausführlich behandelt werden. An den illustrierenden Beispielen werden gleichzeitig Methoden der Analyse vorgestellt und beispielhaft vorgeführt. Die fünf Dimensionen werden im sechsten Kapitel zu einem Modell des Unterrichtsalltags zusammengefügt, das erlaubt, unterschiedlich optimierte Lernsituationen zu identifizieren. Anschließend werden wir als einen theoretischen Abschluss eine Interaktionstheorie des Mathematiklernens im mathematischen Unterrichtsalltag darlegen, die auf den zuvor behandelten fünf Dimensionen beruht. Im siebten Kapitel stellen wir dar, wie es zu einer veränderten Unterrichtsgestaltung kommen kann und wie wir dies im Rahmen unserer universitären Lehre umzusetzen versuchen. Den Abschluss bildet ein Anhang mit der Transkriptionslegende und einem Glossar mit Index.

Das Buch ist aus einer mathematikdidaktischen Grundvorlesung für Studierende des Grundschullehramts mit Mathematik als Wahl- oder Nebenfach am Institut für Didaktik der Mathematik der Johann Wolfgang Goethe – Universität hervorgegangen. Zum Lesen des Buches werden jedoch keine größeren mathematischen Kenntnisse vorausgesetzt. Parallel zur

Vorlesung wurde eine Übung angeboten, in der die Studierenden in eigenen Unterrichtsexperimenten ihre erweiterten Verstehensmöglichkeiten erproben und überprüfen konnten. Im siebten Kapitel geben wir ein Beispiel für diesen Übungsbetrieb wieder. Dieser Vorlesungs- und Übungshintergrund führt dazu, dass wir eine Darstellung im Buch gesucht haben, die den Leser möglichst zügig zu Analysen von Aspekten der Unterrichtinteraktion befähigt.

Den Studierenden der letzten Semester sei für die lebhaften Diskussionen und konstruktiven Rückmeldungen in den Vorlesungen gedankt. An dieser Stelle möchten wir auch ein herzliches Dankeschön an Hans-Jörg Fetzer richten, der uns in technischen Fragen und bei der Formatierung dieses Buches tatkräftig unterstützt hat.

Wir verwenden doppelte Anführungsstriche, wenn wir neue Begriffe zum ersten Mal verwenden. Einfache Anführungsstriche setzen wir dann, wenn wir einen metaphorischen Wortgebrauch deutlich machen wollen. Zitate im Fließtext sind ebenfalls durch doppelte Anführungsstriche kenntlich gemacht. Längere Zitate sind in einer anderen Schriftart gedruckt. Kursivdruck dient der Hervorhebung. Bei englischen Zitaten bieten wir immer eine deutsche Übersetzung an. Gibt es eine Übersetzung des entsprechenden Werkes, übernehmen wir diese Version und zitieren sie. Im anderen Falle machen wir einen eigenen Übersetzungsvorschlag.

Unsere Ausführungen basieren auf mehreren selbst durchgeführten Forschungsprojekten und dazu verwandten Forschungsarbeiten. An einigen Stellen konnten wir längere Passagen aus diesen Berichten übernehmen, zumeist haben wir sie sprachlich an die Terminologie dieses Buches angepasst. Für die Art, wie wir diese Arbeiten aufgreifen und zueinander in Zusammenhang stellen, zeichnen wir als Autorenpaar verantwortlich. Der Abschnitt 5.2 geht auf neuere Forschungen von Marei Fetzer zurück. Hierfür übernimmt sie allein die Autorenschaft.

Frankfurt am Main, im Juli 2004
Marei Fetzer
Götz Krummheuer

# Inhaltsverzeichnis

# Einführung: Fünf Dimensionen zum Verstehen, was im Unterricht „abläuft"

Wir wollen mit einem Unterrichtsbeispiel anfangen. Die Episode stammt aus einem 1. Schuljahr einer Berliner Grundschule. Das Einzugsgebiet ist ein Milieu, das gemeinhin als „sozial schwach" bezeichnet wird. Die Stunde ist mit zwei Videokameras aufgezeichnet worden. Auf der Grundlage dieser beiden ‚Filme' ist das Unterrichtsgespräch verschriftet worden. Neben dem Gesprochenen sind zusätzliche Daten wie Sprecher, nonverbale Handlungen (z.B. das Melden der Schüler), Tonfall und Sprechpausen transkribiert.

> *Nehmen Sie sich Zeit, das Transkript zu lesen. Die Schreibweise ist zwar gewöhnungsbedürftig, aber über weite Strecken intuitiv und daher rasch zu erfassen. Versuchen Sie im Anschluss daran in einigen Stichworten zu notieren, wie Sie diese Episode verstanden haben, was Ihrer Meinung nach passiert. Dabei werden Ihnen Ihre didaktischen Hintergrundvorstellungen und Ihre persönlichen Erfahrungen mit Schule und Unterricht hilfreich sein, Sie werden auf Ihre Alltagsdidaktik zurückgreifen.*

Anmerkung: Eine Rechenkette besteht aus zwanzig auf einer Schnur aufgefädelten Perlen, wobei jeweils zehn Kugeln eine Farbe haben, sodass eine Zehnerbündelung farblich erkennbar wird. Die Perlen haben einen Durchmesser von etwa zwei Zentimetern. Die Kette ist so lang, dass man zwischen zwei Kugeln einen kleinen Abstand erzeugen kann.

Die Transkriptionslegende ist im Anhang zu finden. Sie ist Grundlage all derjenigen im Buch abgedruckten Transkripte, die aus unseren Forschungsarbeiten hervorgegangen sind.

## Episode: 13 Perlen[1]

| | | |
|---|---|---|
| 92 | L | jaha / so \ . ich . bin mal gespannt was die Kinder sagen \ *hält eine Rechenkette* |
| 93 | | *in die Höhe*: •••○○○○○○○○○○ |
| 93.1 | | 8:59 h |
| 94 | Marina | ach so |
| 95 | Franzi | dreizehn |
| 96 | *Marina, Franzi, Jarek und Wayne melden sich; einige Kinder zählen flüsternd.* | |
| 97 | L | *flüsternd* zwei drei |
| 98 | Goran | dreizehn *meldet sich dabei schnell* |
| 99 | *Julian, Conny und noch zwei andere Kinder zeigen auf* | |
| 100 | L | *flüsternd* zwei drei vier fünf Finger sehe ich . sechs . sieben . acht . + .. Wayne / |
| 101 | Wayne | dreizehn \ |
| 101.1 | Marina | *nimmt den Arm runter* |
| 102 | L | oder \ |
| 103 | S | ä |
| 104 | L | Jarek / |
| 105 | Jarek | äm .. drei plus zehn \ |
| 106 | <L | oder \ . . Marina / |
| 107 | <Marina | *zeigt betont auf* zehn plus . drei \ |
| 108 | L | oder \ oh . die Kinder sehen ganz schön viel ne / . das ist |
| 109 | | immer dasselbe aber die sehen ganz schön viel . Julian \ |
| 110 | Julian | äh . öl . nee . doch ölf . plus zwei \ |
| 111 | L | oder \ .. Jarek / |

1 Das Transkript ist erstmalig in BRANDT / KRUMMHEUER 1998, S. 86-105 und in Ausschnitten in KRUMMHEUER / BRANDT 2001, S. 98-104 vorgestellt und analysiert worden.

| | | |
|---|---|---|
| 112 | Jarek | sieben minus null \ |
| 113 | L | sieben minus null / |
| 114 | S | häh / |
| 115 | S | häh / |
| 116 | L | versuchen wa mal \ . komm mal nach vorne / sieben minus null / ... der Jarek hat |
| 117 | | was gesagt / und das müssen wir mal überprüfen \ komm mal her |
| 118 | Jarek | *kommt nach vorne* |
| 119 | L | *hält Jarek eine Rechenkette hin* zeig mal sieben minus null . zeig mal sieben / dreh |
| 120 | | dich mal zur Klasse um damit die Kinder das sehen können und damit man das |
| 121 | | **vergleichen** kann \ *hält wieder ihre eigene Rechenkette hoch; dabei zeigt sie nach* |
| 122 | | *wie vor dreizehn an* also \ . **sieben** / |
| 122.1 | Jarek | *zählt leise die Kugeln an seiner Kette ab* |
| 122.2 | L | zähl mal **ganz laut** / |
| 123 | Jarek | *zählt an seiner Kette ab und hält sie dabei hoch* eins zwei drei vier fünf sechs sieben |
| 124 | | *Perlenkette*: ••••••• . minus null *lässt das abgezählte Ende fallen; zeigt* |
| 125 | | •••○○○○○○○○○○ ist dreizehn \ |
| 125.1 | | *Währenddessen die Lehrerin redet geht Jarek an seinen Platz zurück.* |
| 126 | L | *erstaunt gehaucht* hha jetzt versteh ich \ was hat der Jarek gemacht \ ... *legt ihre* |
| 127 | | *eigene Kette weg und übernimmt die von Jarek* . der hat behauptet / . der hat von |
| 128 | | dieser Seite angefangen und hat sieben abgezählt \ eins zwei drei vier fünf sechs |
| 129 | | sieben \ *zeigt es an ihrer Kette* da hat er gesagt . minus null ist . das . *zeigt* |
| 130 | | •••○○○○○○○○○○ geht das \ |

Beim Lesen der Episode entsteht der Eindruck, dass in Zeile 113 etwas passiert. Wir wollen uns deshalb den Abschnitt bis Zeile 112 und den ab Zeile 113 zunächst einzeln ansehen. Wir nennen solchen Unterteilungen

einer Episode „Szenen" (siehe KRUMMHEUER / NAUJOK 1999, S. 68 f.). Die erste und die zweite Szene unterscheiden sich deutlich voneinander. Was macht diesen Unterschied aus? Warum wirkt Zeile 113 wie ein Bruch bzw. Umschwung im Unterrichtsfluss?
Fünf Fragen sollen diese Unterschiede aufhellen und für den empfundenen Bruch zwischen Zeile 112 und Zeile 113 sensibel machen.

1. **Wie entwickelt sich das mathematische Thema?**
   Bleibt es gleich, gibt es Weiterentwicklungen oder Veränderungen?

2. **Wie wird begründet und erklärt?**
   Bleiben die Erwartungen hinsichtlich der expliziten Darlegung der eigenen Überlegungen unverändert oder werden veränderte Erwartungen formuliert oder eingelöst?

3. **Wann kommt ein Schüler dran?**
   Bleibt der Verlauf der Interaktion gleich, löst sich eine Regelhaftigkeit auf oder verändert sie sich?

4. **Wie können sich Schüler aktiv am Unterricht beteiligen?**
   Bleibt die Art der Beiträge derjenigen, die zu Wort kommen, gleich, oder lassen sich Veränderungen beobachten?

5. **Was ist mit den stillen Schülern?**
   Bleiben die Anforderungen an einen stillen, zuhörenden Schüler gleich, oder muss ein solches Kind jetzt anders aufpassen als vorher?

*Nehmen Sie nochmals Ihre Notizen und das Transkript zur Hand und gehen Sie die einzelnen Fragen im Geiste durch. Und?*

Diese fünf Fragen helfen beim ersten Versuch einer Differenzierung und damit dem besseren Verstehen und Durchdringen dieses Unterrichtsprozesses. Werden sie im Zusammenhang mit dem beobachteten Umschwung in Zeile 113 gestellt, fällt auf, dass hinsichtlich aller fünf Fragen Veränderungen zu verzeichnen sind. Mit anderen Worten: Der Bruch im Unterrichtsfluss spiegelt sich darin wieder, dass in Bezug auf alle genannten Fragen etwas passiert.

Wenden wir uns also der Szene bis Zeile 112 zu und versuchen wir, den Ablauf besser zu verstehen. Dazu wird das Transkript in einem ersten Schritt Zeile für Zeile durchgegangen und jede Äußerung und Handlung einzeln zu deuten versucht. Leitend sind dabei Fragen wie: Was passiert? Was könnte damit gemeint sein? Wie wirkt eine Handlung bzw. eine Äußerung? Um besser zu verstehen, was im Prozess, im Unterrichtsfluss passiert, ist es notwendig, quasi ‚am Puls der Interaktion' zu bleiben und das Transkript parallel zu dem Verlauf, den die Beteiligten der Interaktion erlebt haben, zu bearbeiten. Das bedeutet, dass man sich in seinen Deutungsversuchen immer nur auf zu diesem Zeitpunkt bereits Gesagtes beziehen und nie vorweg greifen kann. Damit würde man sich mehr ‚Wissen' zugestehen, als die Beteiligten selbst zum jeweiligen Zeitpunkt hatten. Beim Versuch, den Ablauf besser, von innen heraus, verstehen zu wollen, stünde man sich dann selbst im Wege (siehe Abschnitt 1.3).

## Szene 1: Zeile 92–112

Nachstehend ist der Beschreibungsversuch der ersten Szene zu lesen.
Die Lehrerin beginnt, indem sie sagt so \ . ich . bin mal gespannt was die Kinder sagen und dann dreizehn Kugeln einer Rechenkette in die Höhe hält <92,93>. Die verbleibenden sieben schwarzen Kugeln sind in ihrer rechten Hand verborgen. Es bleibt zunächst unbeantwortet, in wieweit diese Art der Eröffnung ein für die Klasse gewohnter Vorgang ist und das Folgende für die Kinder etwas Neues darstellt, sodass man tatsächlich „gespannt" sein darf, was nun kommt. Unentschieden muss ebenfalls bleiben, ob es sich bei den hochgehaltenen 13 Kugeln der Rechenkette um eine neue und/oder schwierige Aufgabenstellung handelt. Unentscheidbar ist zunächst auch, inwieweit die Frage der Lehrerin tatsächlich eine Offenheit hinsichtlich möglicher Antworten impliziert. Eine weitere Klärung mag sich möglicherweise aus den Folgehandlungen ergeben.
Marinas ach so <94> mag andeuten, dass sie spontan im Augenblick ihres Ausspruchs nach anfänglichen Schwierigkeiten Sicherheit darüber erlangt, was von der Lehrerin erwartet wird. Zumindest für dieses eine Mädchen scheint die Eröffnung der Lehrerin mit kognitiven Anforderungen verbunden. Franzi ruft offenbar unaufgefordert das Wort dreizehn in die Klasse. Hiermit wird sie sicherlich die Anzahl der sichtbaren 13 Ku-

geln der Rechenkette meinen. Zugleich gibt sie hierdurch eine mögliche Deutung der Situation kund: Es geht um Mathematik und um die Anzahl der hochgehaltenen Kugeln. Vier Kinder melden sich, wenig später scheint die Lehrerin acht Kinder, die sich melden, zu zählen <100>. Dies ist ein Drittel der Schüler. Dieser relativ geringe Anteil deutet darauf hin, dass die von der Lehrerin vorgenommene Eröffnung für die meisten Kinder wohl doch etwas problematisch sein dürfte. Sie wissen offenbar nicht sofort eine Antwort zu nennen. Das „Gespanntsein" der Lehrerin mag tatsächlich auf ihre angemessene Einschätzung des für die Klasse hohen Schwierigkeitsgrades der Aufgabenstellung gegründet sein.
Goran ruft unaufgefordert die Zahl 13 in die Klasse. Für den Beobachter bleibt unklar, ob er lediglich Franzis Einwurf wiederholt oder ob er selbst auf das Ergebnis gekommen ist. Im Verlauf der Interaktion erfährt die Antwort „13" hierdurch vor allem dann eine größere Glaubwürdigkeit, wenn sein wie auch Franzis Einwurf als Antwort von erfahrungsgemäß „guten" Mathematikschülern gelten können.
Schließlich nennt Wayne die Zahl 13 ein weiteres Mal. Er ist hierzu aufgerufen worden. Marina nimmt daraufhin ihren Arm herunter. Allem Anschein nach möchte die Lehrerin mit oder\ <102> zunächst noch weitere Antworten einfordern. Die relative Unverbindlichkeit ihrer Reaktion kann hierbei als innerer Motor für die Schüler fungieren, noch einmal die Problemsituation zu überdenken und dabei gegebenenfalls zu alternativen Antworten zu gelangen.
Jarek wird aufgerufen und gibt einen weiteren Lösungsvorschlag: äm .. drei plus zehn \ <105>. Wie schon zuvor reagiert die Lehrerin mit einem oder \ und ruft sodann die sich meldende Marina auf <106>. Diese antwortet mit zehn plus . drei \ <107>. Aus den vielfältigen Interpretationsmöglichkeiten für ihre Sprechpause soll eine hervorgehoben werden: Möglicherweise muss sie im Moment des Aufgerufenwerdens eine für sie neue Antwort generieren, da sie offenbar erkennt, dass Wayne bereits ihre Ursprungslösung genannt hat. Unter diesem spontanen Kreativitätszwang bringt sie gleichsam eine Lösung mithilfe der Strategie des „minimalen Veränderns" hervor: Sie vertauscht die beiden Summanden in der letztgenannten Lösung von Jarek. Hierzu benötigt sie aber offenbar doch noch eine kürzere innere Überprüfung, was sich in der erwähnten Sprechpause dokumentiert. Die Angemessenheit dieser Antwort ergibt sich unter anderem aus der numerisch richtigen Zerlegung 13=10+3.

Erneut reagiert die Lehrerin mit oder \ <108>. Wieder könnte man davon ausgehen, dass Marinas Lösungsvorschlag von ihr positiv eingeschätzt wird. Anschließend ruft sie aber nicht sofort einen anderen Schüler auf. Vielmehr merkt sie zuvor an oh . die Kinder sehen ganz schön viel ne / . das ist immer dasselbe aber die sehen ganz schön viel . Julian \. Diese nicht leicht verstehbare Äußerung wird als ein Kommentar gedeutet: Sie mag eine positive Rückmeldung hinsichtlich des bisherigen Verlaufs geben wollen. Hierbei wäre dann einerseits bedeutsam, dass sich nach anfänglichem Zögern nun doch hinreichend viele Schüler melden und andererseits bisher nur offenbar akzeptable Antworten hervorgebracht worden sind. Darüber hinaus möchte sie eventuell vor allem im zweiten Teil ihrer Äußerung die Schüler aufmuntern, nun als Antworten etwas anderes zu präsentieren. Rückblickend scheint aus ihrer Sicht wohl bisher immer dasselbe gesagt worden zu sein. Die Vertauschung der Summanden in Marinas Lösung scheint ihr offenbar nicht genügend unterschiedlich zu Jareks Vorschlag zu sein. Dennoch erscheinen insgesamt diese Äußerungen in einem positiven, unterstützenden Ton. Ebenso könnte man in diesem Kommentar ansatzweise eine implizite mathematische Anmerkung vermuten: Der Hinweis, dass bisher immer dasselbe geboten worden sei, lässt sich prospektiv auf alle weiteren mathematisch richtigen Lösungen übertragen. Sie stellen untereinander „äquivalente" Terme dar. Es ergibt sich also beim Ausrechnen immer derselbe Zahlenwert von 13. Die Anforderung an die Schüler besteht somit darin, zur Zahl 13 äquivalente Terme zu finden, die zugleich verschieden sind. In der in dieser Weise noch nicht ausdifferenzierten Unterrichtssprache der beobachteten ersten Klasse geht es also darum, *ganz schön viele* Lösungen zu finden, die *immer dasselbe* ergeben, ohne *dasselbe* zu sein.

Julian versucht dieser Anforderung wohl gerecht zu werden, indem er vorschlägt: äh . öl . nee . doch ölf . plus zwei \ <110>. Seine zögernde und stotternde Antwort wird hier erneut interpretiert als Auswirkung eines in der Rede sich noch formenden neuen Gedankens. Ähnlich wie bei Marina kommt dabei eine Antwort heraus, die sich nur durch minimale Änderungen aus Lösungen ergibt, die vorher für richtig erklärt worden sind: Der erste Summand ist um +1 verändert, was mathematisch zwin-

gend beim zweiten Summanden eine Veränderung um -1 bedingt.[2] Es bleibt unentscheidbar, ob Julian diesen Schluss durchführt, oder die Aufgabe mit der Initialzahl Elf neu rechnet. Die Reaktion der Lehrerin ist von der schon mehrfach beschriebenen Art: **oder \ .. Jarek** <111>.
Jareks Antwort **sieben minus null** <112> erweist sich auf den ersten Blick als schwer verstehbar. Folgende Deutungen wären denkbar:

- Jarek wagt eine relativ große Veränderung des ersten Summanden und ist mit der Bestimmung des zweiten überfordert.
- Jarek möchte unter dem Erwartungsdruck, möglichst verschiedene Antworten zu nennen, die Möglichkeit zulässiger Lösungen durch additive Zerlegungen überschreiten und eine „subtraktive Zerlegung" vornehmen. Mathematisch korrekt wäre in diesem Fall 13=7-(-6). Nun verwenden Kinder, bevor sie systematisch einen Begriff von negativen Zahlen entwickeln, häufiger die Zahl 0 als Ersatz dafür.[3]
- Jarek rekurriert auf die sieben schwarzen Kugeln, die in der Hand der Lehrerin verborgen sind und die 13 sichtbaren Kugeln. Den Zwischenraum zwischen diesen beiden Kugelreihen nennt er „null".
- Jarek verwendet Begriffe der mathematischen Fachsprache metaphorisch. „minus" hat dabei die Bedeutung von „weg" oder „wegnehmen"; „null" steht für „nichts": Die linken sieben schwarzen Kugeln sind weggenommen worden („minus") und zählen nicht („null"). Es bleiben die hochgehaltenen 13 Perlen.

In einem zweiten Schritt auf dem Weg zur Durchdringung der ersten Szene werden nach der Beschreibung nun im Folgenden die oben eingeführten fünf Fragen in Bezug auf diesen ersten Abschnitt gestellt.

> *Blättern Sie zurück und versuchen Sie, die fünf Fragen in Bezug auf die erste Szene zu beantworten. Machen Sie sich ggf. Notizen.*

2 In der Didaktik der Grundschularithmetik spricht man hierbei von der „Konstanz der Summe" bzw. vom „gegensinnigen Verändern" bei der Addition. (Siehe auch PADBERG 1992)

3 Stellt man ihnen z.B. Fragen der Art „Ich habe 2 und nehme 3 davon weg", so antworten sie gewöhnlich mit „Das geht gar nicht" oder mit „Null".

1. **Wie entwickelt sich das mathematische Thema?**
   Bis Zeile 108 scheint sich in der Klasse eine inhaltliche Deutungsweise zur Frage der Lehrerin durchgesetzt zu haben und bis Zeile 111 auch vorläufig zu stabilisieren. Die Beteiligten scheinen sich einig darüber zu sein, worum es gerade geht. In mathematischer Terminologie könnte man davon sprechen, dass die additiven Zerlegungen der Zahl 13 thematisiert werden. Die Beteiligten des Unterrichts würden dies allerdings möglicherweise anders formulieren.

2. **Wie wird begründet und erklärt?**
   Bis Zeile 111 sind keine expliziten Begründungen oder Rechtfertigungen einer Zerlegung erkennbar und werden durch die Art der Lehrerin-Fragen „oder" auch nicht forciert oder eingefordert. Das Nennen einer erwartungsgemäßen Zerlegung scheint die Erwartungen in dieser Unterrichtssituation voll zu erfüllen.

3. **Wann kommt ein Schüler dran?**
   Der Interaktionsverlauf erscheint in dieser ersten Szene recht starr und musterhaft: Lehrerin stellt Frage, Schüler nennt Zerlegung, Lehrerin sagt „oder", nächster Schüler nennt Zerlegung usw. Im weiteren Verlauf des Buches wird dieses als ein spezielles Interaktionsmuster bezeichnet (siehe „Erarbeitungsprozessmuster", Kapitel 3).

4. **Wie können sich Schüler aktiv am Unterricht beteiligen?**
   Oder anders gefragt: Welche inhaltliche Autonomie müssen Schüler in diesem Abschnitt, in dem keine Begründungen von der Lehrerin eingefordert werden, besitzen, um angemessen das Unterrichtsgespräch mitgestalten zu können? Die zu Worte kommenden Schüler können ihre Lösungen ‚im Kopf' vorher gerechnet haben. Die erste nicht-triviale Antwort 3+10 von Jarek in Zeile 105 kann aber auch durch die Beschaffenheit des Zahlwortes gleichsam ohne Rechenaufwand genannt werden. Die beiden folgenden Antworten 10+3 und 11+2 können wiederum wie oben ausgeführt durch Ausrechnen, aber auch durch logisches Schließen oder durch die Strategie des minimalen Veränderns gefunden worden sein.

5. **Was ist mit den stillen Schülern?**
   Wie aufmerksam muss man in dieser Szene als nicht-tätig-werdender

Schüler sein, um das Unterrichtsgespräch inhaltlich mitverfolgen und eventuell eingreifen zu können? Die obigen drei Interpretationen zu den ersten Schülerantworten geben hierzu Hinweise. Die Aufmerksamkeit muss bei einigen Interpretationen nicht groß sein: Man kann mit wenig eigenem rechnerischen Aufwand und auch mit geringer Aufmerksamkeit am Unterrichtsgeschehen dennoch richtige Antworten produzieren. Ob das bei Marina und Jarek der Fall ist, lässt sich nicht bestimmen. Entscheidend ist, dass durch den Verzicht auf die Ausführungen von Begründungen bei den ersten richtigen Antworten, ein erfolgreiches Tätigwerden möglich ist, das nicht auf einer irgendwie gearteten mathematischen Durchdringung der Problemstellung beruhen muss und für das man nicht das gesamte vorhergehende Unterrichtsgespräch aufmerksam verfolgt haben muss.

Diese erste Szene lässt sich als Routinesituation im Unterricht beschreiben: Ein musterhafter Interaktionsverlauf, basierend auf dem raschen Wechsel des „oder" der Lehrerin und den kurzen Antworten der Kinder, deren mathematischer Gehalt von den Sprechern nicht begründet werden muss. Das bloße Voranschreiten im sich Schritt für Schritt festigenden Rahmen der Interaktion lässt die Vorschläge der Schüler zu von der Lehrerin akzeptierten Antworten werden.

## Szene 2: Zeile 113 bis 130

Es folgt der Beschreibungsversuch der zweiten Szene, die mit der Zeile 113 beginnt und sich bis zum Ende der Episode erstreckt.
Jarek scheint mit seiner Äußerung „sieben minus null" <112> offensichtlich eine unerwartete Antwort einzubringen. Dies erkennt man z. B. am veränderten Verhalten der Lehrerin: Sie reagiert nicht wie zuvor mit „oder" und fallender Intonation, sondern mit der Wiederholung der Antwort und ansteigendem Tonfall. Auch zwei Schüler könnten diese Abweichung ausdrücken wollen <114,115>, die übrigens nicht zu Äußerungen aufgerufen worden sind. In der Veränderung des Tonfalls, der Veränderung der Lehrerinreaktion und in dem unaufgeforderten „Rein-Rufen" von einigen Schülern deutet sich eine Veränderung des Interaktionsverlaufs an.

Wie geht nun die Klasse mit Jareks Lösungsvorschlag um? Die Lehrerin gibt offenbar ihre Antwort-Routine auf und wiederholt Jareks Äußerung mit Stimmhebung zum Ende <113>. Zwei Schüler bekunden möglicherweise ihr Unverständnis <114, 115>. Sodann wendet sich die Lehrerin direkt an Jarek: **versuchen wa mal \ . komm mal nach vorne / sieben minus null /** <116>. Sie bittet ihn, vorne vor der Klasse seinen Lösungsvorschlag zu kommentieren. Es bleibt in diesem Moment für uns als Beobachter unklar, ob sich nun eine Art Dialog zwischen der Lehrerin und Jarek anbahnen soll, in dem ihm eine individuelle Hilfestellung gegeben wird, und der Rest der Klasse gleichsam in den Status von Zuhörern mit ungeklärtem bzw. wechselhaftem Aufmerksamkeitsgrad versetzt wird, oder ob dieser Dialog den Charakter einer Podiumsdiskussion haben soll, in der die beiden Diskutanten vor Aufmerksamen Zuhörern wichtige Gesichtspunkte einer Themenentfaltung erörtern und die Zuhörer ggf. Möglichkeiten zum Mitreden erhalten (siehe auch Kapitel 4).
In den Folgeäußerungen wendet sich die Lehrerin zunächst an die restlichen Schüler: **der Jarek hat etwas gesagt / und das müssen wir mal überprüfen ** <116-117>. Damit ist einerseits eine Einstimmung auf die folgende Situation gegeben, andererseits aber wohl auch die Erwartung einer erhöhten Aufmerksamkeit bei allen formuliert. Somit scheint sich hier eher eine Podiumsdiskussion anzubahnen, auch wenn nicht deutlich wird, ob die Klasse direkt in diese Überprüfung einbezogen werden soll oder die Lehrerin mit „wir" nur auf Jarek und sich selbst als Gesprächspartner rekurriert.
Jarek wird dann vorne zunächst gebeten, an der Rechenkette „sieben minus null" zu zeigen <118,119>. Er erhält jedoch gar keine Gelegenheit, dies zu tun. Vielmehr soll er plötzlich nur (noch) Sieben durch lautes Zählen an der Kette <121,122> zeigen, was er dann auch tut <123-125>.
Aus Sicht des Interpreten schränkt die Lehrerin Jareks Möglichkeiten zur Darstellung seiner Überlegungen von Beginn an ein. Er wird nicht nur darauf verpflichtet, seine Lösung an der Rechenkette zu demonstrieren. Er wird darüber hinaus auch in der Weise beeinflusst, dass er als erstes die Zahl Sieben an ihr zeigen soll. Es wird auf Podiumsebene von der Lehrerin offenbar nicht in Erwägung gezogen oder auch gar nicht für wünschenswert gehalten, dass Jarek eventuell zur Begründung seines Lösungsvorschlags in anderer Weise oder gar nicht mit der Rechenkette arbeiten könnte und/oder darüber hinaus an ihr nicht mit der Darstellung der Zahl Sieben beginnen kann. So ist z. B. die in der Besprechung von Szene 1

unter 3) wiedergegebene Interpretation noch mit den Mitteln einer Rechenkette darstellbar, indem man den Zwischenraum zwischen zwei Kugeln als Null interpretiert. Die unter 4) angegebene Deutung dagegen erscheint an ihr nicht darstellbar, da die Null nicht als Zahl dargestellt auf der Rechenkette ist. Auch diese Festlegung in der Vorgehensweise stützt die Interpretation, dass die Lehrerin eher Standardaufgaben und -wege erwartet. Unter diesen Standarderwartungen scheint Jareks Lösung zum Scheitern verurteilt, und er ist aufgefordert, dieses Scheitern in der Podiumsdiskussion vorzuführen.
Jarek zählt die sieben schwarzen Kugeln von dem schwarzen Kettenende her ab und hält dabei die folgende achte Kugel in der Hand. Sodann sagt er minus null <124>, lässt die abgezählten sieben schwarzen Kugeln fallen, hebt die restlichen Kugeln hoch und bemerkt: ist dreizehn\ <125>.
Dieser Vorgang ist mit der obigen dritten Deutung relativ stimmig zu erklären: Er versteht den Zwischenraum zwischen den sieben schwarzen und restlichen 13 Kugeln als Null und zerlegt die Zahl 20 bzw. die ganze Kette. Mathematisch könnte man seine Äußerung als 20-7-0=13 ausdrücken, was einer Zerlegung von 20=13+7+0 entspräche. Aufgrund der strikten Vorgaben durch die Lehrerin bleiben dennoch Zweifel, ob diese Demonstration dem ursprünglichen Ansatz von Jarek entspricht.
Die Lehrerin bekundet erstaunt ihre Zustimmung und rephrasiert Jareks Erklärung noch einmal <126-129>.

Die Interpretation der Episode wird hier beendet. Die erzielte Deutung dieser Phase soll nun in einem zweiten Schritt im Licht der fünf Fragen betrachtet werden.

*Gehen Sie auch für diese Episode die fünf Fragen von Seite 4f. durch.*

1. **Wie entwickelt sich das mathematische Thema?**
   Mit Jareks Beitrag werden die Zerlegungsmöglichkeiten der hochgehaltenen 13 Perlen erweitert. Neben den in der ersten Szene hervorgebrachten additiven Zerlegungen kommen nun auch subtraktive Zerlegungen ins Spiel. Der dazu benötigte Minuend ist dabei nicht mehr in einfacher Weise sichtbar, sondern stammt implizit aus der als bekannt unterstellten Kenntnis von der Gesamtanzahl der Perlen an der verwendeten Perlenkette.

2. **Wie wird begründet und erklärt?**
Einfaches Nennen der Zerlegung erfüllt Erwartungen an die Unterrichtssituation offenbar nicht mehr. Die Lehrerin fordert eine Begründung von Jarek ein. Diese Forderung einlösend nennt er sowohl die für seine Argumentation ausschlaggebenden voraussetzenden „Daten“ als auch die daraus seiner Meinung nach zu ziehende „Konklusion“[4]: Er zählt von der vollständigen 20-Kette sieben schwarze Perlen ab und schließt so auf das von der Lehrerin vorgegebene Perlenkettenmuster von drei schwarzen und zehn weißen Perlen. Die Zulässigkeit dieses Schlusses führt er visuell an der Perlenkette vor, indem er zwischen zwei Perlen greift und umfasst. Seine Begründung wird somit explizit.

3. **Wann kommt ein Schüler dran?**
In der Interpretation dieser zweiten Phase wurde eingehender darauf eingegangen, wie Jarek vorne auf dem Podium von der Lehrerin in eine gewisse Handlungsfolge zu drängen versucht wurde. Die dabei entstehende Interaktionsstruktur kann man als ein Interaktionsmuster verstehen, in dem sich eine gewisse standardisierte Umgangsweise mit der Perlenkette als Veranschaulichungsmittel einzelner Handlungsschritte widerspiegelt (siehe Kapitel 3.4 ).

4. **Wie können sich Schüler aktiv am Unterricht beteiligen?**
Jareks Äußerung wirkt wie ein Ausbruch aus der musterhaften Interaktion der ersten Szene. Seine Begründungen erscheinen relativ autonom hervorgebracht zu sein. Sie lassen auf eine mathematische Kompetenz schließen, die über die Fähigkeit zur additiven Zerlegung von Zahlen im Zahlraum bis 20 hinausgeht.

5. **Was ist mit den stillen Schülern?**
An Zuhörer, die sich die Option aufrecht erhalten wollen am nächsten Gesprächszug ggf. aktiv teilzunehmen, scheinen nun höhere Aufmerksamkeitsanforderungen gestellt zu sein als während der an-

4 Zur Klärung der Begriffe „Datum“ und „Konklusion“ siehe Kapitel 2.3.

fänglichen Phase, denn zu Sprechbeiträgen wird nun zusätzlich eine Begründung bzw. Erklärung eingefordert.

Resümierend lässt sich feststellen:
Um die beschriebene Veränderung im Unterrichtsverlauf zu verstehen, und um die Entwicklung von einem routinemäßig, gewissermaßen ‚gleichförmig dahinplätschernden' Unterricht hin zu einem wesentlich intensiver wirkenden Geschehen zu beschreiben, scheinen die fünf gestellten Fragen hilfreich zu sein. Das mag als Hinweis darauf dienen, wie die Wahrnehmungsmöglichkeiten in Bezug auf Unterricht mithilfe einer systematischeren Interpretation deutlich verbessert werden können. Entsprechend wird im Folgenden Kapitel für Kapitel jeweils eine der fünf eingangs gestellten Fragen systematisch ausgearbeitet und als die jeweilige Dimension des Unterrichtsmodells ausdifferenziert.

# 1 Die erste Dimension: Wie entwickelt sich das mathematische Thema?

Eine Anmerkung zu Beginn: Von allen fünf Fragen, die das Verstehen mathematischer Unterrichtswirklichkeit verbessern helfen, ist nur die erste explizit mit mathematischen Inhalten verknüpft. Die anderen vier Dimensionen wiederum beziehen sich auf diese Themenentwicklung. Diese Tatsache verdeutlicht, dass beim Lehren und Lernen von Mathematik sehr viel mehr von Relevanz ist als nur die Inhalte. Entsprechend wird evident, dass eine Didaktik, die sich auf mathematische Inhalte und deren ‚geschickte' Einführung und Übung beschränkt, zu kurz greifen muss.
Die erste Dimension des Unterrichtsmodells behandelt die mathematische Themenentwicklung. Als Frage wurde weiter oben formuliert:
Was passiert in Bezug auf das mathematische Thema?
Die Frage verweist auf einen Prozess, dessen Entwicklung genauer untersucht werden soll. Als erster Schritt der Systematisierung wird die Formulierung präzisiert, um den prozessualen Charakter stärker zu betonen:
Wie entwickelt sich das mathematische Thema im Verlaufe der Interaktion?
Fragte man die Beteiligten der Episode „13 Perlen" nach dem Thema der Stunde, bekäme man vermutlich eine Vielzahl verschiedener Antworten. Goran mag der Ansicht sein, dass sie in der Stunde Perlen an der Perlenkette gezählt haben. Marina könnte meinen, dass es um die Zerlegung der Zahl 13 gegangen sei. Ein anderes Kind könnte im Wesentlichen das Hantieren mit der Perlenkette oder Jareks Auftritt vor der Klasse als Stundenthema in Erinnerung behalten haben. Die Lehrerin dagegen könnte „Stellenwert" im Klassenbuch notiert haben.

Das Thema oder die Deutung dessen, was in der Unterrichtssituation vor sich gegangen ist, hängt von der Perspektive des jeweils Deutenden ab. BRUNER 1996 nennt dies im Hinblick auf Erziehungsprozesse das „perspectival tenet“ (S. 13) – den perspektivischen Grundsatz:

The meaning of any fact, proposition, or encounter is relative to the perspective or frame of reference in terms of which it is construed. ... To understand what something 'means' requires some awareness of the alternative meanings that can be attached to the matter under scrutiny, whether one agrees with them or not (S. 13).

Die Bedeutung von irgendeinem Fakt, irgendeiner Aussage oder irgendeiner Begegnung ist relativ zu der Perspektive oder dem Referenzrahmen im Hinblick darauf, wie sie ausgelegt wird. ... Um zu verstehen, was etwas ‚bedeutet', bedarf es einiger Aufmerksamkeit für alternative Bedeutungszuschreibungen zu der Sache, um die es geht, ob man ihnen zustimmt oder nicht.

Wie soll in der obigen Szene bei solch variantenreicher Ausgangslage die Themenentwicklung beschrieben werden? Im Folgenden werden einige Grundbegriffe zum genaueren Verständnis für derartige perspektivische Themenentwicklungen hergeleitet und anhand des Beispiels „13 Perlen“ verdeutlicht. Grundlage der systematischen Betrachtung ist das Transkript, das den Interaktionsverlauf wiedergibt.

## 1.1 Situationsdefinition, Bedeutungsaushandlung, Arbeitskonsens

Mit den darzustellenden drei Grundbegriffen wird eine spezifische theoretische Sicht auf Interaktionsprozesse eingenommen. Sie wird als Symbolischer Interaktionismus bezeichnet (BLUMER 1975, sowie TURNER 1988, S. 12ff. und BAUERSFELD et al. 1985, S. 174). Seine Prämissen sind:
Für jedes Individuum stellt sich die Wirklichkeit so dar, wie es das Geschehen um sich herum interpretiert und welche Bedeutung es ihm zu-

schreibt. Wirklichkeit ist nicht gesetzt oder gegeben, sondern jeweils ein individueller Deutungsprozess des aktuellen Geschehens. Diese individuellen Interpretationen der Wirklichkeit entwickeln sich nicht unabhängig von den anderen Beteiligten der Interaktion gleichsam im ‚stillen Kämmerlein' des Individuums. Vielmehr ist der je individuelle Entwicklungsprozess gewissermaßen eine Koproduktion der Teilnehmer der Interaktion: Die Individuen beeinflussen sich im Miteinander gegenseitig in ihren Deutungen. In der sozialen Interaktion wird Wirklichkeit gemeinsam ‚gemacht' bzw. hervorgebracht. Im Miteinander handeln die teilnehmenden Individuen Bedeutungen, Strukturierungen und Geltungsnormen aus, ändern diese ab und verständigen sich auf eine möglichst gemeinsame Sichtweise: Es werden Vorstellungen darüber entwickelt, verändert und geprägt, was mit bestimmten Handlungen gemeint ist, wie man sie verstehen und interpretieren muss/kann/soll. Auf diese Weise formen sich auch Erwartungshaltungen, Normvorstellungen und neue (inhaltsbezogene) Interpretationsweisen aus und erfahren hierdurch eine gewisse situationsüberdauernde Geltung.
Auf der Basis dieser Prämissen werden nun die drei Grundbegriffe zur Unterrichtsinteraktion eingeführt. Es sind:

- die „Situationsdefinition"
- die „Bedeutungsaushandlung" und
- der „Arbeitskonsens".

Der Begriff der Situationsdefinition bezieht sich auf das Individuum und seine individuellen Deutungen einer Situation. Es besitzt einen eigenen Erfahrungsschatz oder ‚Wissensvorrat', der es ihm ermöglicht, eine erste Vorstellung von der Situation, in der es sich gerade befindet, entwickeln zu können. Es ‚definiert', was gerade ‚Sache ist', wie man die Situation zu verstehen und zu deuten hat. Ausgangspunkt einer systematischen Darstellung der Begriffe ist somit das Individuum. Allerdings ist mit dem Wort „Situationsdefinition" nicht, wie man meinen möchte, ein Produkt, die Definition nämlich, sondern der nach vorne offene Prozess einer permanenten Deutungsaktivität gemeint (siehe VOIGT 1984, S. 32). Jeder Verstehensversuch, jede Interpretation erfolgt bereits in gedanklicher Vorwegnahme möglicher Deutungsversuche der anderen „Interaktanden", besitzt also gleichsam schon eine ‚interaktive' Orientierung und ist keine stabile unverrückbare ‚Anfangsbedingung', die den gesamten Interaktionsprozess überdauert.

Genau dieser nach vorne offene Deutungsprozess leitet über zum Begriff der Bedeutungsaushandlung. Im gelingenden Fall werden die individuellen Deutungen durch interaktiven Austausch einander wechselseitig eröffnet und als prinzipiell annäherbar angezeigt. Im Miteinander wird permanent ein entsprechender Abgleich der Situationsdefinitionen vorgenommen. Die individuellen Deutungen werden einander angeglichen, um hinreichend passungsgenaue Situationsdefinitionen hervorzubringen und eine als *geteilt geltende Deutung* zu erreichen. Nur auf der Basis dieser als geteilt geltenden Deutung dessen, was gerade ‚Sache ist', kann sich eine Interaktion weiterentwickeln. Misslingt dieser Abgleich der individuellen Deutungen, bricht die Interaktion auseinander oder ‚schläft ein'.

Der Prozess der Bedeutungsaushandlung führt dazu, dass die als geteilt geltende Deutung einem ständigen Veränderungsprozess unterworfen ist. Außerdem führt er zu Ergebnissen, die man der ‚Dynamik' der Interaktion und nicht mehr ausschließlich der Kompetenz der einzelnen Individuen zuzuschreiben hat (VOIGT 1984; COBB / BAUERSFELD 1995; WOOD et al. 1993). Dieser Gesichtspunkt ist im Hinblick auf die Initiierung von Lernprozessen in Interaktionssituationen, wie beispielsweise einer Mathematikstunde, zentral: Nicht der Inhalt als solcher steht dem lernenden Schüler als Gegenstand gegenüber, sondern die in der Interaktion von den Mitwirkenden hervorgebrachte als geteilt geltende Deutung.

Um Missverständnissen vorzubeugen und größere Klarheit über den Begriff der Bedeutungsaushandlung zu gewinnen, stellen wir provozierend folgende Behauptung auf und gehen hierdurch auf einen häufiger genannten Kritikpunkt ein: Aus Sicht der im Unterricht zu behandelnden Inhalte gibt es nichts auszuhandeln. Insbesondere in Fächern mit relativ klarer und exakter Begrifflichkeit, wie z.B. in der Mathematik und der Physik, sind die Begriffe klar vorgegeben und nicht Verhandlungsgegenstand.

Diese Kritik am Aushandlungsbegriff bezieht sich darauf, dass die fachlich kompetente Lehrerin nichts auszuhandeln habe, da sie die angemessene Bedeutung bereits verwende. Dies mag insbesondere in Unterrichtsfächern mit relativ klar und exakt erscheinender Begrifflichkeit nahe liegen. Dennoch trifft sie nicht den Kern des hier dargestellten Aushandlungsbegriffes: In ihm wird nicht behauptet, dass die Interaktionsteilnehmer ihre jeweils individuellen Situationsdefinitionen aushandeln oder zur Diskussion stellen. Es ist vielmehr darzustellen versucht worden, dass *zwischen* den Beteiligten in ihren Kooperationsbemühungen eine als geteilt geltende Bedeutung hervorgebracht werden muss und die muss auf der Basis von Multiperspektivität (BRUNER 1996) verhandelt werden. Ein Beharren des Lehrers auf seiner fachlich autorisierten Deutung ist in diesem Sinne ‚unkooperativ' und würde zumeist den Fortgang der Interaktion gefährden. Um eine Verwechslung von wahren mathematischen Aussagen, zu denen es nichts mehr zu verhandeln gibt, und den auf Kooperation und Verständigung zielenden Bemühungen in einer Interaktion zu vermeiden, sprechen wir im ersten Fall von einem mathematischen „Inhalt" und im zweiten Fall von der mathematischen „Themenentwicklung".

Wir wollen noch etwas genauer auf die Eigenschaften dieser als geteilt geltenden Deutungen eingehen. Mit ihnen wird ein „Arbeitskonsensus"[5] (GOFFMAN 1959, S. 9f, siehe auch WELLENDORF 1973, S. 38) oder „Arbeitsinterim"[6] erzielt. (KRUMMHEUER 1992, S. 19). Mit diesen beiden Begriffen wird der Zustand einer tauglichen *Angleichung* der Situationsdefinitionen der beteiligten Individuen beschrieben. Die Situationsdefinitionen müssen, wie dargelegt, nicht *übereinstimmen* sondern lediglich so auf einander abgestimmt sein, dass sie zu einander *passen*. Deswegen spricht man in diesem Zusammenhang auch nicht von einer „gemeinsamen Deutung" sondern von einer als „geteilt *geltenden* Deutung": „so weit wir uns jetzt verstanden haben, können wir es gelten lassen". Dieses Interims-Produkt der Interaktion wird durch die ständigen Prozesse von Bedeutungsaushandlung erzeugt und verweist auf eine thematische Offenheit für den weiteren Fortgang der Interaktion. Der Arbeitskonsens ist jeweils die Voraussetzung für eine Weiterentwicklung der Interaktion.

Der Begriff des Arbeitskonsenses beschreibt also einen Funktionalitätsaspekt von Interaktion und nicht den Aspekt inhaltlicher Übereinstimmung. Es geht nicht darum, dass sich die Beteiligten der Interaktion tatsächlich inhaltlich einig sind, sondern darum, dass sie einen Modus finden, dem alle so weit zustimmen können, dass die Interaktion weitergehen kann.

5 Konsensus ist vom lateinischen consensus „Übereinstimmung, Zustimmung" entlehnt.

6 Ein Interim ist eine „zwischenzeitliche Regelung" oder „Übergangslösung". Das Substantiv stammt vom lateinischen Adverb interim „unterdessen, inzwischen" ab.

The appropriate image of a common understanding is .. an operation rather than a common intersection of overlapping sets (GARFINKEL 1967, S. 30).

Das angemessene Bild von einem gemeinsamen Verständnis ist .. eher ein Vorgang als ein Durchschnitt sich schneidender Mengen.

Freilich müssen diese beiden Aspekte sich nicht notwendig wechselseitig ausschließen. Die Herstellung eines Arbeitskonsenses ist ein fortwährender Prozess von Deutungsangleichungen und nicht ein zu irgendeinem Zeitpunkt erreichter Zustand des Angeglichenseins.
Bedeutungsaushandlung führt im günstigen Fall zu einer als geteilt geltenden Deutung. In der ersten Szene der Episode „13 Perlen" ist beispielsweise die als geteilt geltend hervorgebrachte Deutung die, dass additive Zerlegungen der Zahl 13 gesucht werden. Die jeweiligen individuellen Deutungen von dem, was eine solche ‚additive Zerlegung' ist, werden jedoch unterschiedlich ausfallen. Die personenspezifische Situationsdefinition einiger Schüler mag mathematisch bescheidener aussehen, wenn man z. B. einigen Antworten die Strategie der minimalen Veränderung unterstellt.
Der Begriff der Bedeutungsaushandlung mag den Eindruck von einer idealen Sprechersymmetrie erwecken: gleichberechtigte Partner ringen um eine gemeinsame Deutung. In der Realität ist das jedoch selten der Fall. Doch auch in asymmetrischen Interaktionen finden Prozesse der *Aushandlung* von Bedeutung statt. Ein denkbares Gegenbeispiel mag hier der Kasernenhof darstellen, in dem Befehl und Gehorsam herrscht aber keine Aushandlung. Der reibungslose Ablauf einer derart hochgradig standardisierten Situation bedarf jedoch eines hohen Trainingsaufwands, dem viele Aushandlungsprozesse vorausgegangen sein müssen (siehe KRUMMHEUER / BRANDT 2001, S. 15). Auch in Bezug auf die Bedeutungsaushandlung in der vorgelegten Unterrichtsszene scheint ein Ungleichgewicht zu bestehen und die Bedeutungsaushandlung wird von der Lehrerin dominiert: Sie bringt die wesentlichen Eckpunkte der Aushandlung dessen, was offiziell als Deutung der Situation gelten soll, ein. Sie ist es, die durch ihr „oder" eine Antwort wertet und den Interaktionsfluss vorantreibt, sie bestätigt und bestärkt „die Kinder sehen ganz schön viel ne". Da ein solches Dominanzgefälle für die meisten lehrerzentrierten Unterrichtssituationen gilt, sollte man sich dessen beim Unterrichten bewusst sein. Die

obigen und folgenden Analysen sollten Beleg genug sein, wie stark diese Episode von Aushandlungsprozessen durchsetzt ist.

## 1.2 Begriffserläuterung am Beispiel der Episode „13 Perlen"

Zur Verdeutlichung werden diese drei Grundbegriffe zur Unterrichtsinteraktion nun am Beispiel der Episode „13 Perlen" aus dem Mathematikunterricht erläutert. Ausführlich betrachtet wird zunächst die erste Szene von Zeile 92 bis 112 und im Anschluss zusammenfassend Zeile 113 ff. Da die Begriffe „Situationsdefinition", „Bedeutungsaushandlung" und „Arbeitskonsens" ein engmaschiges Begriffsnetz darstellen, erscheint eine separate Erläuterung einer Begriffsklärung wenig förderlich. Entsprechend werden die drei Grundbegriffe an den beiden Szenen jeweils im Zusammenspiel erklärt.

### Szene 1: Zeile 92-112

Zunächst wird auf die Situationsdefinitionen der beteiligten Schüler und der Lehrerin eingegangen. Leitend ist also die Fragestellung, wie die Individuen die jeweilige Situation deuten, was ihrer Ansicht nach gerade passiert, was ‚abgeht'. Da es nicht möglich ist, ‚in den Kopf' der Beteiligten zu schauen, lässt sich die jeweilige Situationsdefinition oft nicht eindeutig rekonstruieren. Um sich vor voreiligen Fehlzuschreibungen zu schützen und den Gesichtspunkt des perspektivischen Grundsatzes (BRUNER 1996, siehe oben) zu wahren, spannt man das Spektrum alternativer individueller Deutungsmöglichkeiten zunächst in möglichst großer Breite auf. Meist eröffnet sich im Verlaufe der genauen Betrachtung des Interaktionsverlaufes die Möglichkeit, die Variationsbreite auf diejenigen Interpretationen beschränken zu können, die am plausibelsten erscheinen.
Die Lehrerin scheint die Situation in Zeile 92, 93 mit dem Hochhalten der Perlenkette ohne eine weitere Handlungsanweisung als eine ‚Standardsituation' zu verstehen, die in ihren Augen keiner weiteren Erklärung bedarf.

Marinas Situationsdefinition in Zeile 94 ist analog verstehbar: „Ach so, ich weiß, was los ist.“ Für einen externen Beobachter, der zum ersten Mal in dieser Klasse ist, mag diese sehr offene Ausgangsfragestellung der Lehrerin nicht beantwortbar sein und eher zu Ratlosigkeit führen. Dennoch gerät die konkrete Interaktion nicht ins Stocken, keine Verweise auf gravierende Verständnisschwierigkeiten im Bezug auf die je individuelle Deutung des Geschehens werden laut. Im Gegenteil: Mehrere Kinder zeigen ihre Situationsdefinition durch Antworten an. Franzis Definition der Situation ist auf verschiedene Weise interpretierbar: Einerseits könnte sie annehmen, dass es gilt, die angezeigte Perlenanzahl zu bestimmen. Andererseits könnte für sie das Nennen der Zahl dreizehn nur die Markierung eines Zwischenergebnisses auf ihrer Suche nach einem Rechensatz darstellen. Oder sie versteht das Hochhalten der Perlenkette als Aufforderung zur Zerlegung der gezeigten Anzahl.
Die Situationsdefinition der Lehrerin klärt sich für uns in Zeile 100 weiter: Sie zählt die Anzahl der sich meldenden Kinder als wollte sie damit unterstreichen, dass in dieser Standardsituation viele Meldungen vorliegen müssten, und ruft schließlich Wayne auf. Dieser sagt „dreizehn“. Das Spektrum möglicher Situationsdefinitionen ist hierbei recht groß. Beispielsweise könnte Wayne die Situation als eine mathematische deuten, in der es etwa um Anzahlbestimmung oder Zerlegung geht. Denkbar wäre auch eine weniger mathematisch ausgerichtete Deutung, die sich stattdessen an den (ihm vertrauten) Charakteristika einer Standardsituation und ihren Spielregeln orientiert: In einer Standardsituation im Mathematikunterricht gelten die Regeln „erst melden, dann sprechen; kurze Antworten genügen.“ Da Marinas und Gorans unaufgeforderte Antworten bei der Lehrerin nicht auf Widerstand zu stoßen schienen, kann man sie gemäß der ‚offiziellen' Spielregeln nochmals ‚gefahrlos' nennen. Daraufhin nimmt Marina den Arm runter. Es wirkt, als bestätige sie damit Waynes Antwort und somit auch dessen Situationsdefinition („Mist, das wollte ich auch sagen“). Ihr momentaner Deutungsprozess könnte sich somit eher stabilisieren als weiterentwickeln.

*Versuchen Sie, die jeweiligen Situationsdefinitionen in den Zeilen 102 bis 111 herauszuarbeiten. Was fällt hinsichtlich ihrer Stabilität oder Veränderungen auf?*

Spätestens in Zeile 111 entsteht der Eindruck, dass alle Beteiligten ihre Situationsdefinitionen ausreichend aneinander angepasst haben und ihre Deutungsprozesse keiner weiteren Veränderung unterzogen werden müssen. Der Unterricht läuft ‚wie am Schnürchen', die einzelnen Teilnehmer scheinen sich über die als geteilt geltende Deutung der Situation sicher zu sein zu und wissen, was gerade gefragt ist und passiert: Die hochgehaltene Perlenkette wird als Stimulus für die Zerlegung der angezeigten Perlenanzahl interpretiert.
Wie ist es dazu gekommen? Wie haben sich Schüler und Lehrerin über die als geteilt geltende Bedeutung verständigt? Hier kommt der interaktive Aspekt wieder stärker zum Tragen. Im Prozess des Aushandelns von Bedeutung werden die jeweiligen Situationsdefinitionen und Handlungszüge abgestimmt. In diesem Beispiel wirkt die Strukturierung der Bedeutungsaushandlung recht klar und das Abstimmen erscheint unproblematisch: Die Beteiligten scheinen sich wechselseitig zu bestätigen. Die Lehrerin initiiert die Interaktion, ein Kind antwortet, die Lehrerin scheint diese Antwort durch das Voranschreiten in der Interaktion mit einem „oder" zu legitimieren und zu bestätigen und damit gleichzeitig zu einer neuen Antwort aufzufordern. Bereits in Zeile 102 scheint sich der Deutungsprozess im Hinblick auf die Interpretation der Perlenkette als Stimulus zur additiven Zerlegung der Zahl 13 zu stabilisieren und spätestens in Zeile 111 entsteht der Eindruck, dass die Bedeutung der hochgehaltenen Perlenkette ausgehandelt ist und diese Interpretation als geteilt gelten kann. Eine vorläufige formale Einigung ist erzielt. Es herrscht ein Arbeitsinterim.

## Szene 2: Zeile 113 bis 130

*Versuchen Sie zunächst selbst mit den Begriffen Situationsdefinition, Bedeutungsaushandlung und Arbeitskonsens zu beschreiben, was ab Zeile 113 passiert. Lesen Sie erst im Anschluss die nachstehende Version.*

In Zeile 111 schien ein Arbeitskonsens erreicht zu sein. Doch schon Zeile 113 belegt den Interimscharakter eines solchen Konsenses. Es hätte doch so ‚schön reibungslos' weitergehen können: Die Kinder nennen unter vielfachen Sprecherwechsel die noch ausstehenden Zerlegungen 9+4, 8+5, 7+6 usw. Die reibungslose Fortschreibung des Bedeutungsaushandlungsprozesses gerät jedoch ins Wanken, als Jarek seine Antwort sieben

**minus null** einbringt. Für den Beobachter ist die Bestimmung seiner Situationsdefinition zunächst nicht eindeutig. Spontan kommen mindestens vier Interpretationen in Frage (siehe Einführung). Auch die Lehrerin verändert ihr Handeln: Anstelle des **oder** mit Stimmsenkung wiederholt sie seine Worte: **Sieben minus null/** mit gehobener Stimme. Es wirkt, als signalisiere sie: Hier besteht ein erhöhter Aushandlungsbedarf. Auch bei einigen der Kinder scheint eine Veränderung ihrer Situationsdefinition notwendig zu werden (Zeile 114 und 115). Erst in Zeile 126 wird durch die Lehrerin eine erzielte gemeinsam geteilte Deutung angezeigt durch ihr gehauchtes „Ha jetzt verstehe ich". Damit erscheint erneut ein Arbeitskonsens erreicht zu sein.

## 1.3 Die Interaktionsanalyse Methode zur Analyse der Themenentwicklung

Um die Themenentwicklung analysieren zu können, greift man auf das Verfahren der Interaktionsanalyse zurück. Dabei handelt es sich um ein Analyseverfahren, dessen Vorgehensweise bereits in der Einführung angesprochen wurde und welches zur Beschreibung dessen, was innerhalb der Episode „13 Perlen" passiert, bereits zur Anwendung kam. Hier sollen die fünf Schritte der Interaktionsanalyse systematisch eingeführt werden[7]. Grundlage ist dabei eine an der Konversationsanalyse (Siehe EBERLE 1997; SACKS 1998) und Ethnomethodologie angelehnte Interaktionsanalyse. Die folgende Beschreibung der Arbeitsschritte ist nicht als statisch festes Schema zu verstehen, sondern dient uns als Gerüst für die Analyse und als Checkliste für die Darstellung.

[7] Die folgenden Ausführungen stimmen zu großen Teilen mit KRUMMHEUER / NAUJOK 1999, S. 67-71 überein; s. a. BOHNSACK 1993, KRUMMHEUER / BRANDT 2001, S. 90 f, EBERLE 1997, SACKS 1998 und TEN HAVE 1999.

In der Interaktionsanalyse soll rekonstruiert werden, *wie* die Individuen in der Interaktion als geteilt geltende Deutungen hervorbringen und *was* sie dabei aushandeln. Im Sinne des perspektivischen Grundsatzes (BRUNER 1996, siehe oben) fragen wir uns bei der Interpretation einer Äußerung, auf welche Weisen die an der Interaktion Beteiligten diese Äußerung interpretieren könnten.
Die Interaktionsanalyse sollte mehrere Grundsätze bzw. Maximen erfüllen, die in der folgenden Reihenfolge bearbeitet werden können:

1. **Gliederung der Interaktionseinheit**
2. **Allgemeine Beschreibung**
3. **Ausführliche Analyse der Einzeläußerungen, (Re-)konstruktion von Interpretationsalternativen**
4. **Turn-by-Turn-Analyse**
5. **Zusammenfassende Interpretation.**

Ein Überspringen und Zurückspringen tritt auf und ist in vielen Fällen auch bereichernd. Entscheidend ist für uns, dass man sich im Zuge der Vervollkommnung einer Interpretation vergewissert, alle Maximen hinreichend berücksichtigt zu haben.

## 1. Gliederung der Interaktionseinheit

Die Gliederung einer Interaktionseinheit, etwa einer gesamten Unterrichtsstunde oder einer Wochenplanarbeitsphase in kleinere Einheiten, kann nach unterschiedlichen Kriterien vorgenommen werden. Innerhalb der Gliederung eines Ausschnittes sollten die Kriterien nicht gewechselt werden, da es sonst (verstärkt) zu Überlappungen kommen kann. Die Gliederungskriterien können Forschungsinteressen widerspiegeln, etwa

- fachspezifische/fachdidaktische
  (z. B. von Beginn bis Ende der Bearbeitung einer bestimmten Aufgabe),
- interaktionstheoretische
  (z. B. vom Auftritt bis zum Abtritt einer Interaktantin/eines Interaktanten oder von Beginn bis Ende einer Interaktionsform wie „Hilfe") oder

- linguistische
  (z.B. von einem bis zum nächsten Ausdruck, der den Interaktionsverlauf strukturiert (zäsierende Marker wie z. B. das Wörtchen „so“)).

## 2. Allgemeine Beschreibung

Die allgemeine Beschreibung ist eine erste mehr oder weniger spontane und oberflächliche Schilderung. Sie ist zu denken als an eine aufgeklärte, an schulischen Angelegenheiten interessierte und mit dem Kulturkreis vertraute Allgemeinheit gerichtet. Es geht hier zunächst lediglich darum, den in einer Erstzuschreibung vermuteten Sinn zu beschreiben (siehe BOHNSACK 1993, 132f.).

## 3. Ausführliche Analyse der Einzeläußerungen, (Re-)konstruktion von Interpretationsalternativen

An die allgemeine Beschreibung schließt eine ausführliche Analyse der einzelnen Äußerungen an. Wie wir an den drei Grundbegriffen zur Unterrichtsinteraktion erkannt haben, wird der Unterricht durch die Handlungen der Beteiligten Schritt für Schritt nacheinander hergestellt. Mit der Interaktionsanalyse versucht man, diesen Konstruktionsprozess ‚*nach*zubauen'. Man nimmt also eine *Re*-Konstruktion der Konstruktionen der Beteiligten vor. Dabei gelten in der Rekonstruktion die ‚Regeln' wie in der Wirklichkeit der Interaktion:

- Die Äußerungen werden eine nach der anderen in der Reihenfolge ihres Vorkommens interpretiert. Hierbei versucht man, möglichst viele Verstehensmöglichkeiten zu entwerfen.
- Begründungen für mögliche Deutungen dürfen nur auf Vorkommnisse gestützt werden, die zeitlich vorher stattgefunden haben. Dadurch bleiben die Interpretationen nach *vorne offen*.
- Interpretationen müssen sich im Verlauf der Interaktion ‚bewähren'.

Dieses Vorgehen nennt man „sequenz-analytisch“, weil die Analyse die Logik der Handlungssequenz nach zu zeichnen versucht.

Mitunter ist es schwierig, sich an scheinbar eindeutigen Stellen von den eigenen ersten Alltagsinterpretationen zu lösen. Hier mag es hilfreich sein, sich gedanklich andere Kontexte vorzustellen, in denen die zu analysierende Äußerung auch geschehen sein könnte. Z. B. kann man sich bei den häufig im Sachrechnen thematisierten Einkäufen eine konkrete Einkaufsituation im Supermarkt oder auf dem Wochenmarkt vorstellen. Auf diese Weise kann man zu alternativen Interpretationen gelangen; denn für eine scheinbar eindeutige Äußerung öffnen sich in anderen Kontexten neue Deutungsmöglichkeiten. Die Erstellung von Interpretationsalternativen kann so der Aufdeckung von Selbstverständlichkeiten dienen. Hilfreich kann außerdem das Interpretieren in Gruppen sein, weil dabei mehrere Sichtweisen häufig einfacher zusammengetragen werden können. Eine solche Gruppe kann aus Studierenden bestehen. Aufschlussreich sind hier aber auch Zusammensetzungen, in denen etwa auch Schüler oder Lehrerinnen beteiligt sind.
Ferner sollte man für solchermaßen entwickelte Deutungen die vernünftiger Weise erwartbaren Folgehandlungen entwerfen. Z. B.: Wenn A die Äußerung Bs so und so deutet, könnte in der Folge dieses und jenes zu erwarten sein. Tritt dann eine vorausgesagte Folgehandlung ein, so mag das als eine Stützung der Analyse gelten und wir sprechen davon, dass sich eine Interpretation *bewährt* habe. Mit anderen Worten: Man versucht Stützungsmöglichkeiten zu entwerfen.
Bei dem Arbeitsschritt der ausführlichen Analyse von Einzeläußerungen und der Konstruktion von Interpretationsalternativen werden zuhandene theoretische Modelle herangezogen und auf ihre Erklärungsmächtigkeit überprüft.

## 4. Turn-by-Turn-Analyse

In Anlehnung an die Konversationsanalyse und basierend auf der sequenziellen Organisierung von Gesprächen können die in der ausführlichen Analyse gewonnenen Deutungsalternativen eventuell wieder eingeschränkt werden. Dazu führt man eine Turn-by-Turn-Analyse durch. Man analysiert die auf A folgende Äußerung B und vergleicht die erarbeiteten Deutungsalternativen mit den für den Redezug A entwickelten Vorhersagen (siehe Schritt 3 der Interalktionsanalyse). Hierbei wird festgestellt, ob sich etwas von den für A entwickelten Deutungen bewährt. Es ist möglich,

dass einige Alternativen durch eine solcherweise vergleichende Turn-by-Turn-Analyse herausfallen; auch kann es dazu kommen, dass man für die vorausgehende Äußerung neue Deutungen entwickeln muss.
Nachdem somit der zweite Interaktant dem ersten zu verstehen gegeben hat, wie er dessen Äußerung A deutet, hat der erste nun die Möglichkeit, korrigierend einzugreifen. In der Konversationsanalyse wird dann von „repairs", also von Reparaturen, gesprochen (siehe SCHEGLOFF 1977 und JEFFERSON 1974). Unterlässt der erste Interaktant eine Korrektur und äußert keine weiteren Zweifel, so darf man – sowohl der Interaktionspartner als auch der analysierende Wissenschaftler – davon ausgehen, dass er sich angemessen verstanden meint. Das solchermaßen gemeinsam Hervorgebrachte fungiert dann als geteilt geltendes Wissen.

## 5. Zusammenfassende Interpretation

In einem vorläufig letzten Schritt werden die am besten zu begründenden Gesamtinterpretationen der Szene noch einmal zusammengefasst. Eine solche Zusammenfassung kann den Anstoß zur Theoriegenese geben. Häufig findet man in Publikationen aus Platz- und Darstellungsgründen nur noch diese zusammenfassenden Interpretationen.

# 2 Die zweite Dimension: Wie wird begründet und erklärt?

Die zweite Dimension des Unterrichtsmodells bezieht sich darauf, wie und bei welchen Anlässen im Prozess der Bedeutungsaushandlung erklärende, rechtfertigende und begründende Handlungen oder Äußerungen vorgenommen werden. In der Episode „13 Perlen" mussten die Schüler in der ersten Phase ihre Antworten nicht begründen oder rechtfertigen. Dennoch wurde durch die Reaktion der Lehrerin (oder / und Aufrufen eines anderen Schülers) deutlich, dass deren Antworten richtig waren. Jarek musste dagegen in der zweiten Phase, wie ausführlich dargelegt, seine Antwort erklären. Dies tat er durchaus erfolgreich. Es scheint lohnenswert, diese Praxis des ‚Mehr-oder-Weniger-oder-gar-nicht-Begründens' genauer zu studieren. Wir wollen sie als den „argumentativen Aspekt" der Unterrichtsinteraktion bezeichnen. Häufig wird im Mathematikunterricht dieser Aspekt mit dem Beweisen gleich gesetzt. Insbesondere für die Grundschule ist dies unzutreffend. Darauf wollen wir als Einstieg in dieses Kapitel weiter eingehen.

Beweise und Beweisen-Lernen sind Gegenstand mathematischer Ausbildung in der Schule. Sicherlich ist das mathematische Beweisen im engeren Sinne in der Grundschule nicht möglich. Hierzu fehlt (noch) die formale mathematische Sprache. Die thematisierten Begriffe werden in direkter Weise auf Objekte der Realität bezogen und nicht aus einem System von Axiomen abgleitet. Das Zählen wird beispielsweise durch die Finger unterstützt und Rechenoperationen werden auf konkrete Anschauungsmaterialien bezogen. Nach STRUVE 1987 lernen Schüler im Mathematikunterricht der Primarstufe nicht „mathematische" Theorien sondern „empirische" Theorien (S. 258; siehe DREYFUS 2002, HEINZE / REISS 2002,

KNIPPING et. al. 2002, REISS 2002 und SCHWARZKOPF 2000). Die Funktion des Argumentierens kann also nicht nur solchem Handeln zugesprochen werden, das sich am Modell deduktiver Schlussfolgerungen, wie bei mathematischen Theorien, orientiert. Im Fall eines mathematischen Beweises sprechen wir vom „analytischen" Argumentieren; für die anderen Fälle wollen wir von einer „substanziellen" Argumentation sprechen (TOULMIN 1969/1975; siehe auch KRUMMHEUER 2003, S. 123-126).

Es lassen sich zwei Varianten beobachten, wie der argumentative Aspekt im Mathematikunterricht der Grundschule realisiert wird. Den einen Fall nennen wir die „diskursive Rationalisierungspraxis", den anderen bezeichnen wir als „reflexive Rationalisierungspraxis". Im Folgenden werden beide Fälle kurz erläutert.

Zum Teil treten Argumentationen dort auf, wo etwas explizit strittig ist. Wenn beispielsweise Unklarheit über eine Lösung besteht, soll Einigung mittels der ‚besseren Argumente' erzielt werden. Hier tritt das Argumentieren als eine eigenständige Interaktionsform auf. Der Modus der Interaktion wechselt, weil etwas explizit strittig ist. Erst im Anschluss an diesen argumentativen Einschub werden die ursprünglichen Interaktionsziele, evtl. in modifizierter Form, wieder aufgenommen. HABERMAS 1985 hat diesen argumentativen Modus als „rationalen Diskurs" im Gegensatz zum auf Unstrittigkeiten basierenden „kommunikativem Handeln" bezeichnet (S. 37f; siehe auch KOPPERSCHMIDT 1989, S. 54ff). In Anlehnung an diese Terminologie wollen wir von einer „diskursiven Rationalisierungspraxis" sprechen.

Man wird sich allerdings von der Vorstellung lösen müssen, dass Argumentieren nur dort stattfindet, wo etwas *explizit* strittig ist. Oben wurde deshalb schon vorsichtig formuliert, wie und bei welchen Anlässen „erklärende, rechtfertigende und begründende Handlungen oder Äußerungen" vorgenommen werden. Häufig werden Schüler von der Lehrerin zum Erklären aufgefordert, obwohl die genannte Antwort korrekt und die Richtigkeit mitnichten strittig ist. Oft verweist auch das Hinzuziehen der fachlichen Autorität der Lehrperson darauf, dass prinzipiell andere Lösungsmodi angestrebt werden als die der rational geführten Konsensfindung: Ein Wort der Lehrerin scheint in vielen Fällen ‚überzeugender' als langwierige diskursive Exkurse der Kinder untereinander (siehe hierzu auch SCHWARZKOPF 2000, S. 428).

Argumentieren ist also nicht ausschließlich Merkmal eines spezifischen, absichtsvoll auf Konsenserzeugung zielenden Diskurses, nachdem bzw.

weil etwas strittig geworden ist. In vielen Situationen kann man sich auch bemühen, die ‚Argumente gleich mitzuliefern'. Man kann die Vernünftigkeit und Rationalität seines Handelns im Handeln gleichzeitig mit anzeigen. Beispielsweise kann eine Lehrerin bestimmte Inhalte in einer solchen Weise präsentieren, dass die Schüler an der gemeinsamen Themenentwicklung ‚problemlos' mitarbeiten können. In den folgenden Abschnitten werden wir an Beispielen zeigen, wie sich dieser Verständigungsprozess auf der subtilen Mikroebene der Interaktion ausformt. Solche Interaktionen sind von vorn herein auf Zustimmung und wechselseitiges Verständnis ausgerichtet. Argumentieren wäre dann ein Aspekt jeder (unterrichtlichen) Interaktion, eine spezifische Praxis des Miteinanderumgehens. Wir wollen diesen Fall als „reflexive Rationalisierungspraxis" bezeichnen und werden ihn im nächsten Abschnitt noch eingehender besprechen.

## 2.1 Die Rationalisierungspraxis im Mathematikunterricht der Grundschule

Ein Argumentationsbegriff, der sich am Konzept des mathematischen Beweisens orientiert, erscheint also ungeeignet, um den Aspekt des Argumentierens im Mathematikunterricht der Grundschule zu beschreiben. Auch die Vorstellung, dass Argumentieren nur auf Situationen beschränkt werden kann, in denen explizit eine Strittigkeit auftritt, ist für den Mathematikunterricht der Grundschule unzureichend. Dennoch scheint dem Handeln der Kinder sehr wohl eine Rationalität inne zu wohnen, wie die Überlegungen zum Beispiel „13 Perlen" nahe legen. Diese reflexiven Rationalisierungspraxen wollen wir nun theoretisch genauer fassen.

In der alltäglichen Interaktion geht man davon aus, dass die Beteiligten sich ständig bemühen, rational bzw. vernünftig zu wirken. Durch das Anzeigen der Rationalität der Handlungen werden die Aushandlungsprozesse transparenter und die Herstellung eines Arbeitskonsenses wird erleichtert. Wir sprachen oben bereits davon, dass eine Lehrerin oder ein Kind in ihren/seinen Handlungen die mathematische Vernünftigkeit mit anzeigen kann. In diesen Fällen sind dann die Handlungs*durchführung* und Handlungs*rationalisierung* eine Einheit. GARFINKEL 1967 beschreibt diese Praxis, wie man die Rationalität im Handeln mit anzeigt, mit dem Begriff der „accounting practice" (S. 280ff; siehe auch LEHMANN 1988, S. 167ff.).

... the activities whereby members produce and manage settings of organized everyday affairs are identical with members' procedures for making those settings 'account-able' (GARFINKEL 1967, S. 1).

... die Handlungen, durch die Mitglieder „settings" organisierter Alltagsangelegenheiten produzieren und bewältigen, sind mit den Prozeduren der Mitglieder identisch, durch die diese settings verstehbar gemacht werden.

Der Begriff des account oder der accounting practice ist relativ schwer ins Deutsche zu übersetzen, da GARFINKEL mit sprachlichen Nuancierungen im Englischen ‚spielt', die offenbar kaum in der deutschen Sprache wiederzugeben sind (ATTEWELL 1974, S. 183; siehe auch BUTTNY 1993). Übliche deutsche Übersetzungsversuche deuten zumindest aber auf den hier interessierenden argumentativen Aspekt hin. Es wird u. a. von „Kommentaren", „Rechtfertigungen", „Erklärungen", „praktischen Erklärungen" oder „praktischem Räsonieren" gesprochen (siehe LEHMANN 1988, S. 170f; KNORR-CETINA 2002, S. 50 ff.).
Diese „accounting practices" sind untrennbar mit dem Handlungsakt verbunden. Dieses Zusammenfallen der Handlungsrealisierung mit denen der Handlungsrationalisierung wird gemeinhin als das „ethnomethodologisches Reflexivitätstheorem" bezeichnet (KRUMMHEUER 1995; LEHMANN 1988; MEHAN / WOOD 1975; VOIGT 1984). Das soziale Handeln ist reflexiv in dem Sinne, dass die Beteiligten in ihren Handlungen die Rationalität mit anzeigen. Wir wollen diese Praxis deshalb, wie oben erwähnt, als „reflexive Rationalisierungspraxis" bezeichnen.
In Lösungsprozessen im Rahmen mathematischen Grundschulunterrichts lässt sich der argumentative Aspekt der zugehörigen Interaktion auf der Basis dieses reflexive Rationalitätsverständnisses häufig treffend beschreiben. Gleichzeitig wird durch die accounting practice, durch die Tatsache des Mitanzeigens von Rationalität in der Interaktion selbst, deutlich, warum es im frühen Mathematikunterricht so wenige auf den ersten Blick

identifizierbare Begründungssituationen im Sinne einer diskursiven Rationalisierungspraxis gibt.

*Ziehen Sie erneut das Beispiel mit den 13 Perlen, erste Szene, hinzu. Versuchen Sie es als eine reflexive Rationalisierungspraxis zu verstehen.*

Im Beispiel mit den 13 Perlen befinden sich anfangs die Kinder und Lehrerin in keinem erkennbaren Streit, nichts erscheint explizit strittig zu sein. Es liegen keine expliziten Begründungsversuche der Kinder vor. In gleichsam einvernehmlicher Weise werden Zahlen und additive Zerlegungen genannt. In der Art, wie die Lehrerin den nächsten Schüler aufruft, wird in impliziter Weise die Richtigkeit der vorangegangenen Antwort dokumentiert. Es entwickelt sich eine Praxis der Verständigung über richtige Lösungen. Das knappe Nennen einer Zerlegung ist in der gegebenen Situation überaus rational.

# 2.2 Beispiele einer reflexiven Rationalisierungspraxis[8]

## Beispiel 1) Die „Schokoladenaufgabe"

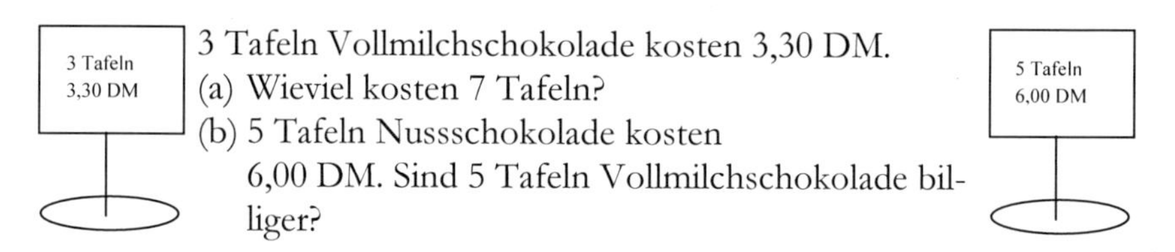


3 Tafeln Vollmilchschokolade kosten 3,30 DM.
(a) Wieviel kosten 7 Tafeln?
(b) 5 Tafeln Nussschokolade kosten 6,00 DM. Sind 5 Tafeln Vollmilchschokolade billiger?

8 Die folgenden drei Beispiele stammen aus KRUMMHEUER 1997. Dies war noch die DM-Zeit, wie den Transkripten zu entnehmen ist.

Die Drittklässlerinnen Linda und Esther bearbeiten obige Aufgabe. Relativ schnell haben sie eine Lösung für den Aufgabenteil (a) erarbeitet: Die Tafeln sollen 12,60 DM kosten:

| | | |
|---|---|---|
| 5 | Esther | Ha kuck mal- fünf Tafeln kosten sechs Mark/ *zeigt dabei auf das Bild* |
| 6 | | *am rechten Textrand, welches sich auf Aufgabenteil b bezieht; zeigt* |
| 7 | | *danach wieder auf Teilaufgabe a)* |
| 8< | Esther | Neun dreißig/ sind dann si neun dreißig |
| 9< | Linda | Drei *unverständlich, beide murmeln unverständlich* |
| 10> | Esther | sind dann sechs/ Tafeln Schokolade/ |
| 11> | Linda | Neun *wendet sich ab und murmelt vor sich hin* (4 sec) |
| 12 | | *beide denken nach* (8 sec) |
| 14 | Linda | Zwölf sechzig\ |

Für die hervorgebrachte Lösung spielen die beiden grafischen Darstellungen von Preisschildern eine wesentliche Rolle. Die Mädchen gehen von dem unteren Angebot aus, nämlich dass 5 Tafeln 6,00 DM kosten <5>. Sodann wird aus dem oberen Schild lediglich der Preis übernommen und fälschlicherweise für nur eine Tafel angesetzt. So ergibt sich ein Betrag von 9,30 DM für 6 Tafeln und 12,60 DM für 7 Tafeln.

Auffällig ist hierbei das offensichtlich gute Einvernehmen zwischen den beiden Mädchen, das ja gerade wegen der als falsch zu betrachtenden Lösung zu vielerlei weitergehenden Überlegungen führt. Linda und Esther müssen sich nicht gegenseitig ausführlich erklären, wie sie zu dieser Lösung gelangen und warum sie diese für richtig halten. Die Präsentation der Rechenschritte scheint die Begründung zu implizieren: In ihrem Vorgehen wird eine Begründung mitgeliefert, die überzeugt. Die Rationalisierungspraxis ist reflexiv. Die Plausibilität des Vorgehens muss für das Erzielen eines einvernehmlichen Vorgehens nicht explizit thematisiert werden.

Die Argumentation kann man folgendermaßen verstehen: Weil 5 Tafeln 6,00 DM und 1 Tafel 3,30 DM kosten, kann man daraus erschließen, dass der Preis für 7 Tafeln 12,60 DM beträgt.

## Beispiel 2)
## Die „Würfelaufgabe“

Den schon aus der Schokoladenaufgabe her bekannten Mädchen Linda und Esther wird folgende Aufgabe zu einem Würfel vorgelegt: Stell dir vor, du hättest einen großen Würfel aus hellem Holz. Du würdest ihn ganz schwarz anmalen und dann so zersägen, wie es die Abbildung 2.1 zeigt.

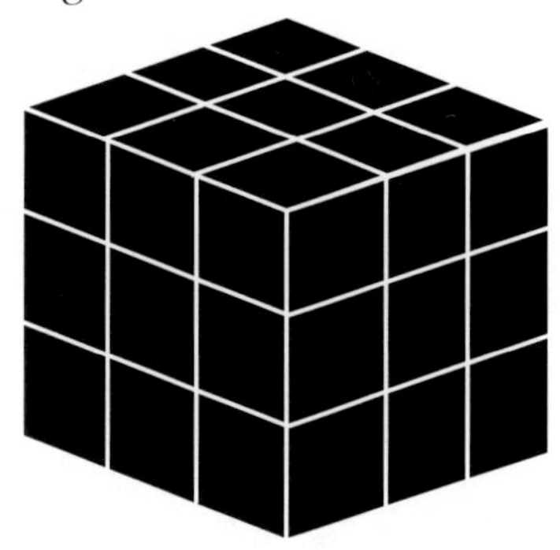

**Abbildung 2.1** Würfelaufgabe

Frage: Wie viele Würfel hätten drei schwarze Seiten?

Die beiden Mädchen lösen die Aufgabe zunächst wie folgt:

| | | |
|---|---|---|
| 3 | Linda | *Zeigt auf Bild* Also drei Stück wart mal- *zählt die Würfel der Kanten* |
| 4< | | eins zwei drei vier fünf sechs sieben acht neun (.) drei mal neun´ |
| 5< | Esther | drei sechs neun- |
| 6< | Linda | *Nachdem sie 3 sec gerechnet hat* siebenundzwanzig |
| 7< | Esther | *Rechnet flüsternd vor sich hin* Siebenundzwanzig\ |
| 8 | | *Schreibt 27 in die rechte obere Ecke des Zettels* |
| 9 | | *Beide schauen zufrieden lächelnd zur Lehrerin* |
| 10< | Esther | Machenwer noch eine/ |
| 11< | Linda | Dürfenwer noch eine- |
| 12 | L | Und was habt ihr jetzt gemacht/ |

| | | |
|---|---|---|
| 13 | Linda | *Kreist mit Zeigef. über Bild* Hm\ wir haben eine abgezählt und dann |
| 14< | | ham wir drei mal *Weiter nicht rekonstruierbar* |
| 15< | Esther | Und dann ham wir drei malgenommen\ |

Man kann diesen Lösungsvorschlag auf recht unterschiedliche Weisen verstehen. Bedeutsam ist hier, dass auch die Erklärungen von Linda und Esther in den Zeilen 13 bis 15 keinen näheren Aufschluss darüber geben. Ihr Vorschlag ist im Wesentlichen eine Wiederholung des Lösungsprozesses, der für die beiden Mädchen ‚selbsterklärend' zu sein scheint. Dies ist typisch für eine reflexive Rationalisierungspraxis. Die Logik ihres Ansatzes wird für die beiden Mädchen wohl nur bei Nachvollzug der Bearbeitungsschritte erschließbar.

Will man den argumentativen Aspekt aus diesem Bearbeitungsgespräch beschreiben, so muss man als Außenstehender zunächst eine Annahme darüber machen, was für die beiden Mädchen so überzeugend bei ihrer Lösung ist. In KRUMMHEUER 1997 werden mehrere Deutungsmöglichkeiten aufgeführt (S. 78). Hier wollen wir nur eine davon erwähnen und an ihr die Argumentation verdeutlichen. Die beiden Schülerinnen sehen in der perspektivischen Zeichnung drei Flächen, die jeweils in neun Teilflächen zerlegt sind. Diese zählen sie an einer Fläche ab. Sie schließen daraus, dass 3 x 9 = 27 die Lösung der Aufgabe ist.

## 2.3 Die Funktionale Argumentationsanalyse Methode zur Analyse der Rationalisierungspraxis

Wir wollen nun genauer vorstellen, wie der argumentative Aspekt in einer Unterrichtsinteraktion rekonstruiert werden kann. Die Analysemethode ist sowohl für die reflexive als auch für die diskursive Rationalisierungspraxis anwendbar. Gelingt in konkreten Fällen eine solche Analyse, dann erfährt die Beschreibung der zugehörigen Rationalisierungspraxis eine zusätzliche

Vertiefung[9]. Als Grundlage der Analyse der Rationalisierungspraxis benötigt man die Ergebnisse der Interaktionsanalyse.
Den argumentativen Aspekt rekonstruieren wir mithilfe der Funktionalen Argumentationsanalyse nach TOULMIN 1969/1975. Die Redebeiträge der Einzelnen werden dabei unabhängig von deren individueller Intention und Sinngebung in Hinblick auf ihre Funktion in einer gemeinsam erbrachten Argumentation betrachtet (siehe auch KOPPERSCHMIDT 1989). Mithilfe einer Funktionalen Argumentationsanalyse wird es möglich, diese Funktionen zu bestimmen.
Die vier zentralen Kategorien einer Argumentation im TOULMINschen Sinne sind das „Datum“[10], die „Konklusion“, der „Garant“[11] und die „Stützung“. TOULMIN 1969 hat diese Funktionalen Argumentationskategorien grafisch in einem Layout wiedergegeben (Abbildung 2.2):

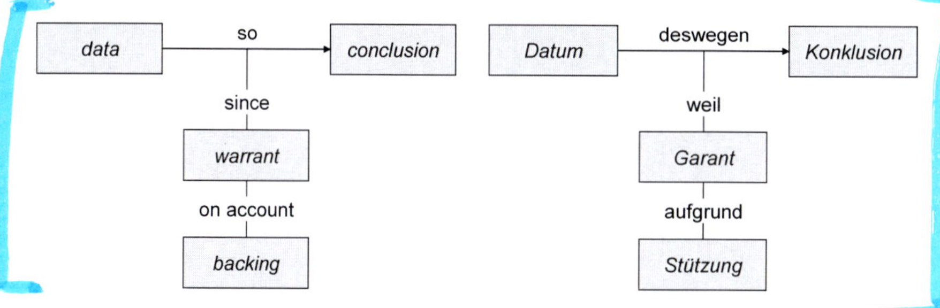


**Abbildung 2.2** Toulmin-Layout (TOULMIN 1969)

Die Konklusion ist die Aussage, die belegt werden soll. Das Datum ist eine unbestrittene Tatsache, ein Sachverhalt bzw. eine Information, auf die verwiesen werden kann als Antwort auf die Frage: „Was nimmst du als gegeben?“ Die kürzest denkbare Argumentation würde dann lauten: Datum, deswegen Konklusion. Sie ist in der obersten Zeile des Layouts wie-

9 Die folgenden Ausführungen basieren auf KRUMMHEUER / NAUJOK 1999, S. 71 ff.; KRUMMHEUER / BRANDT 2002, S. 30-33.

10 Datum (lat.) meint „Gegeben“.

11 „Garant“ ist unsere Übersetzung des von TOULMIN verwendeten englischen Wortes „warrant“. In der deutschsprachigen Literatur wird hierfür auch häufiger das Wort „Schlussregel“ verwendet (s. z. B. KOPPERSCHMIDT 1989, S. 124).

dergegeben. Wir nennen diese Zeile auch den „Schluss". Eine derart ‚erschlossene' Konklusion kann im Weiteren dann als neues Datum herangezogen werden. Garanten sind allgemeine, hypothetische Aussagen, die als ‚Brücken' dienen können und diese Art von Schlüssen legitimieren (Toulmin 1975, S. 89). Sie entsprechen laut Toulmin in der Regel einer erweiterten Möglichkeit zu argumentieren und können als Antwort auf die Frage: „Wie kommst du dahin?" gedacht werden. Stützungen schließlich sind Überzeugungen, die zur Anwendbarkeit eines Garanten führen. Sie beantworten die Frage: „Warum soll der genannte Garant *allgemein* als zulässig akzeptiert werden?" (vgl. ebenda S. 94).

Neben diesen vier Teilen einer Argumentation führt Toulmin noch weitere Kategorien ein, die hier nicht behandelt werden. In unserem empirischen Material finden wir auch Situationen, in denen mehrere dieser Argumentationen aufeinander treffen bzw. sich ergänzen, z. B. wenn aufeinander bezogene Redebeiträge als sich widersprechende Konklusionen fungieren und entsprechend untermauert werden oder durch weitere Daten eine zusätzliche Begründung eingebracht wird. Hierfür haben wir folgende begrifflichen Differenzierungen eingeführt:

Unter einem „Argumentationszyklus" verstehen wir die Teile eines Interaktionsprozesses, in denen mehrere Argumentationen zur selben Aussage wechselseitig unterstützend bzw. sich gegenseitig widersprechend hervor gebracht werden. Hierdurch entsteht ein Zyklus, der aus mehreren Argumentationen besteht. Dies trifft z. B. zu, wenn Proponenten und Kontrahenten zu einer Aussage auftreten; es können natürlich auch zu derselben Aussage verschiedene Argumentationen thematisiert werden (siehe hierzu auch den Begriff „Makrostruktur" bei KOPPERSCHMIDT 1989, S. 207). Jede dieser einzelnen Argumentationen lassen sich mithilfe des TOULMIN-Schemas analysieren. Wir bezeichnen sie in Relation zum zugehörigen Zyklus als seine „Argumentationsstränge". Ferner kann, wie schon angedeutet, eine komplexere Argumentation aus mehreren Schlüssen bestehen. Hier wird dann eine gerade erschlossene Konklusion als Datum für den nächsten Schluss verwendet. Wir sprechen dann von einer „mehrgliedrigen" Argumentation. Das Layout bekommt dabei beispielsweise folgende Gestalt (Abbildung 2.3):

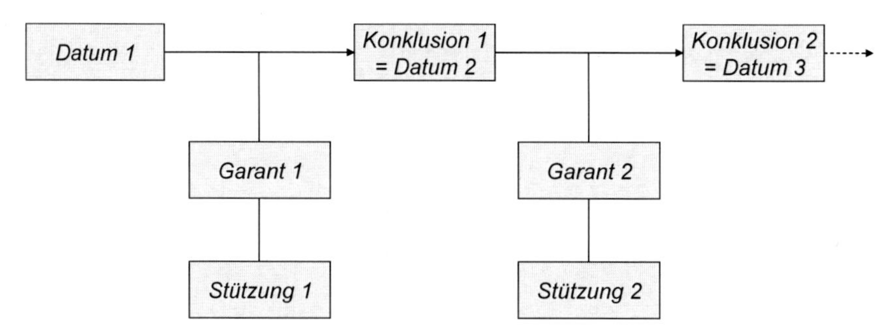


**Abbildung 2.3** Mehrgliedrige Argumentation

Wir wollen diese Funktionsanalyse des argumentativen Aspekts zu der Schokoladen- und der Würfelaufgabe nachtragen.

Die Ausführungen zur Schokoladenaufgabe sind abgeschlossen worden mit der die Argumentation betreffenden Bemerkung: „Weil 5 Tafeln 6,00 DM und 1 Tafel 3,30 DM kosten, kann man daraus erschließen, dass der Preis für 7 Tafeln 12,60 DM beträgt" (siehe oben). Zieht man das obige Transkript heran, so erkennt man, dass Esther in <8 und 10> noch die Zwischensumme von 9,30 DM für 6 Tafeln in die Diskussion einbringt. Formal kann man diese Zwischensumme als Konklusion 1 = Datum 2 einer zweigliedrigen oder als Garanten einer eingliedrigen Argumentation verstehen. Bevor wir diesen Punkt weiter behandeln, folgen zunächst erst einmal die dazu gehörigen Layouts (Abbildung 2.4, 2.5):

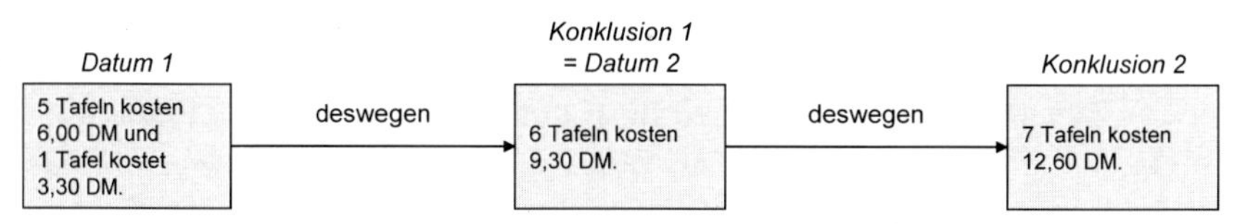


**Abbildung 2.4** Schokoladen-Aufgabe, zweigliedriges Layout

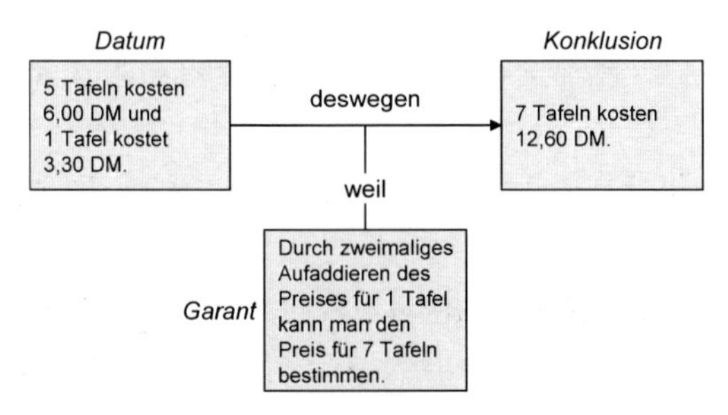


**Abbildung 2.5** Schokoladen-Aufgabe, eingliedriges Layout

An dem kurzen Transkript lässt sich nicht entscheiden, welche von diesen beiden Auslegungen der Argumentation eher zutreffen könnte. Folgt man den Ausführungen des nächsten Abschnitts zur „narrativen Argumentation", so liegt die erste Deutung näher: Die beiden Mädchen bestimmen nacheinander die Preise für fünf, sechs und dann sieben Tafeln und die Überzeugungskraft dieser reflexiven Rationalisierungspraxis liegt gerade in dieser sequenziellen Abarbeitung. Versteht man die Aussage zur Zwischensumme dagegen als Garanten, dann erfährt die Argumentation eine gewisse Tiefe, da ein Grund genannt wird, warum der Preis für eine Tafel Schokolade zweimal addiert wird.

Wir müssen bei diesem Beispiel mit dieser argumentativen Doppeldeutigkeit ‚leben', da hierzu in der Auseinandersetzung der beiden Mädchen keine weiteren Klärungen erfolgen. In der Art, wie wir die Analysen zu diesem Schokoladenbeispiel ausgeführt haben, mag diese Doppeldeutigkeit eventuell sogar eine Überraschung darstellen. Die obige Zusammenfassung der Interaktionsanalyse direkt im Anschluss an das Transkript schien ja recht ‚eindeutig' die Argumentation der beiden Mädchen zu beschreiben. Die auf die Interaktionsanalyse aufbauende Argumentationsanalyse ergibt nun aber, dass diese Argumentation mehrere Lesarten nach TOULMIN 1969/75 ermöglicht. Die Argumentationsanalyse stellt also in vielen Fällen eine Bereicherung zur Durchdringung der kollektiven Aufgabenbearbeitungsprozesse dar. Sie geht über die Interaktionsanalyse hinaus und bietet zusätzliche Einsichten in die Rationalisierungspraxis der Interaktion.

In den beiden Layouts sind keine Stützungen eingezeichnet. Derartige Aussagen lassen sich nicht rekonstruieren. Es kann sogar vorkommen, dass auch kein Garant explizit genannt wird, oder sogar die Konklusion entfällt (siehe KRUMMHEUER / BRANDT 2001, S. 37 ff). Hier handelt es sich dann in der Regel um Situationen, in denen kaum noch etwas strittig ist und sich die reflexive Rationalisierungspraxis durch hochgradige Routinisierung auszeichnet.

Bei der Würfelaufgabe ergibt sich hinsichtlich der Mehrdeutigkeit ein ähnliches Bild wie bei der Schokoladenaufgabe. Zwar haben wir im Rahmen der Interaktionanalyse nur eine einzige Deutung vorgestellt, jedoch auf die Mehrdeutigkeit hingewiesen. Zur Erinnerung: „Die beiden Schülerinnen sehen in der perspektivischen Zeichnung drei Flächen, die jeweils in neun Teilflächen zerlegt sind. Diese zählen sie an einer Fläche ab. Sie schließen daraus, dass 3 × 9 = 27 die Lösung der Aufgabe ist."

*Versuchen Sie, eine Argumentationsanalyse durch zu führen.*

Auch hier liegt wieder eine mehrgliedrige Argumentation vor. Zum ersten Schluss lässt sich noch ein Garant rekonstruieren. Der zweite Schluss ist offenbar so nahe liegend für die beiden Schülerinnen, dass die Nennung eines Garanten unterbleibt. Es liegt hier ja die Grundvorstellung der räumlich-simultanen Mengenvereinigung für die Multiplikation vor (siehe KRUMMHEUER 2002, S. 33) (Abbildung 2.6).

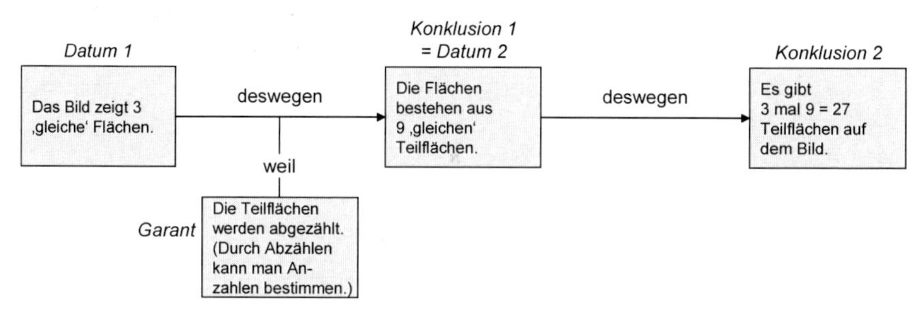


**Abbildung 2.6** Würfel-Aufgabe

## 2.4 Die narrative Argumentation

Dieser Abschnitt dient dazu herauszuarbeiten, wie die reflexive Rationalisierungspraxis im Mathematikunterricht der Grundschule durch eine narrative Struktur geprägt wird.[12] Es zeigt sich, dass die Narrativität im Unterrichtsalltag die Funktion des Erklärens, Begründens und Argumentierens mit abdeckt. Sie übt eine argumentative Funktion aus, indem sie z. B. die Rationalität einer bestimmten Handlungssequenz darlegt.
Wenn hier die These aufgestellt wird, dass die Interaktion in der Unterrichtskultur als narrativ verstanden werden kann, so meint dies nicht, dass im Mathematikunterricht unentwegt ‚Geschichten' erzählt werden. Vielmehr soll damit zum Ausdruck gebracht werden, dass das in der Unterrichtsinteraktion verhandelte mathematische Thema häufig so hervorgebracht wird, dass man in ihr Aspekte eines narrativen Prozesses rekonstruieren kann. Der Begriff des „Erzählens" wird hier also zur Beschreibung eines spezifischen Phänomens alltäglicher Unterrichtskonversation verwendet und nicht im literaturwissenschaftlichen Sinne gebraucht.
Nach BRUNER 1990 lassen sich vier charakteristische Eigenschaften für narrative Hervorbringungen nennen:

1. die spezifische Sequenzialität der Darstellung,
2. die Indifferenz zwischen Wahrem und Fiktivem,
3. der spezifische Umgang mit Abweichungen von Normalerwartungen und
4. die Dramaturgie der Darstellung
(S. 50, siehe z. B. auch EHLICH 1980; BOUEKE / SCHÜLEIN 1991).

In Narrationen ist die jeweils spezifische Reihenfolge der Geschehnisse von Bedeutung. Ein Ereignis kommt nach dem anderen und kann in der Sequenzialität der Darstellung nicht einfach vertauscht werden. Außerdem zeichnen sich gelungene Geschichten dadurch aus, dass man nicht entscheiden kann, ob sie wahr oder erfunden sind. Weiterhin ist das Bemü-

12 Die Ausführungen stützen sich auf KRUMMHEUER 1997, S. 12ff.
Narrativ / Narrativität / Narration ist vom lateinischen narrare „erzählen" entlehnt.

hen typisch, Unbekanntes auf bereits Bekanntes zurückzuführen und Ungewöhnliches als normal darzustellen. Die Dramaturgie der Darstellung sorgt bei einer guten Geschichte schließlich dafür, dass man nicht aufhören kann, zuzuhören. Weist ein Interaktionsprozess oben genannte vier Merkmale auf, so nennen wir ihn narrativ.
Angemerkt sei, dass Unterrichtsprozesse einige Besonderheiten besitzen, die sie in gewisser Weise von den üblichen Vorstellungen zur Narration unterscheiden:

- Geschichten werden nicht nur über etwas Vergangenes erzählt, sondern es wird durch Geschichten auch Neues hervorgebracht. Gewöhnlich verbindet man mit der Beschreibung einer Geschichtenerzählung die Vorstellung, dass etwas bereits Erlebtes wieder zur Darstellung gebracht wird (vgl. COLLMAR 1996, S. 179). Mit KALLMEYER / SCHÜTZE 1977 kann man dann davon sprechen, dass eine bestimmte Form der Sachverhalts-*Darstellung* vorliegt. In Gruppenprozessen zu mathematischen Problemaufgaben wird z. B. aber auch dann eine narrativ beschaffene Interaktion gesehen, wenn die Kinder die einzelnen Rechenschritte zur Problemlösung durchführen und sie dabei hersagen: In diesen Fällen ‚erzählen' sie gleichsam, wie sie zur Lösung gekommen sind, oder besser, wie man zur Lösung kommen kann. Man könnte also eher von einer Sachverhalts-*Konstitution* sprechen (siehe hierzu GUMBRECHT 1980, S. 407). In ihr lässt sich das typische Moment einer Geschichte, nämlich die Darstellung eines konkreten Falles, in dem eine durch Schwierigkeiten und Komplikationen versehene Problemlage überwunden wird, wieder erkennen (siehe hierzu z. B. BRUNER 1986, S. 16ff; 1990, S. 47ff; COLLMAR 1996, S. 179).

- Schüler und Lehrer ergänzen sich häufig wechselseitig in der Rolle des Erzählers. Es gibt also nicht die fest verteilten Rollen des „Erzählers" und des „Zuhörers" (siehe hierzu z. B. KLEIN 1980). Vielmehr sind in der Regel mehrere Personen an der Erzeugung einer solchen Geschichte beteiligt.

Im Folgenden wird nun das Phänomen der Narrativität in Zusammenhang mit der unterrichtlichen reflexiven Rationalisierungspraxis gestellt. Diese Rationalisierungspraxis im Mathematikunterricht der Grundschule ist narrativ geprägt: Das Erklären ist in Geschichten verpackt, es wird im erzählerischen Stil argumentiert. Im Folgenden sprechen wir vereinfacht von „narrativer Argumentation“, um den recht sperrigen Ausdruck der „narrativ strukturierten reflexiven Rationalisierungspraxis“ zu vermeiden. Im Zusammenhang mit narrativen Argumentationen sind aus dem BRUNERschen Kanon der vier Merkmale narrativer Hervorbringungen insbesondere der erste und der dritte Aspekt von Interesse. Der erste Punkt beinhaltet eher den formalen, strukturellen Aspekt einer Argumentation: Die Reihenfolge der Handlungen drückt zugleich aus, dass hier ‚logisch’ gehandelt wird. Das, was zuerst passiert, wird zuerst erzählt (Sequenzialität). Der dritte Punkt bezeichnet eher das Motiv, warum argumentiert werden muss: Die Aufgabe, die die Schüler zu bearbeiten haben, weicht von den bisher behandelten ab. Sie wäre lösbar, wenn man sie auf bereits ‚gehabte’ Aufgabenbearbeitungswege zurückführen könnte (Abweichung von Normalerwartungen).

BRUNER (1986 und 1990) verdeutlicht seine Überlegungen zur Narrativität vor allem an Beispielen aus der Literaturwissenschaft. Für unsere Zwecke interessiert dagegen mehr das konversationstheoretische Verständnis. Eine Übertragung ist jedoch leicht möglich. Z. B. schreibt BRUNER 1990:

Perhaps its (the narrative; die Autoren) principal property is its inherent sequentiality: a narrative is composed of a unique sequence of events, mental states, happenings involving human beings as characters or actors (S. 43).

Vielleicht ist das hervorstechendste Merkmal des Erzählens die inhärente Sequenzialität: Eine Erzählung besteht aus einer einzigartigen Sequenz von Ereignissen, mentalen Zuständen und Geschehnissen mit Menschen als Charakteren oder Akteuren (1997, S. 60f).

„Events“, „characters“, „actors“ – dies sind Begriffe, die sich auf geschriebene Stücke aus der Literatur beziehen. Überträgt man sie auf Konversationen zwischen Menschen, dann sind dies Handlungen, Figuren und Schauspieler. Eine narrativ geprägte Konversation komponiert sich also aus einer einzigartigen Sequenz von Handlungen und Geschehnissen, die von Menschen im interaktiven Wechselspiel hervorgebracht werden. Hierfür steht in der Narrationstheorie der Begriff des „Plot“. BRUNER 1986 definiert:

The plot is how and in what order the reader becomes aware of what happened (S. 19).

Der Plot ist wie und in welcher Reihenfolge dem Leser gewahr wird, was geschah.

Der Plot vereint eine Handlungsstruktur und eine Partizipationsstruktur. Er gibt Antwort auf die Fragen

- Wann wurde *was* getan?
- *Wer* tat wann was?

Bezogen auf mathematische Aufgabenbearbeitungen im Unterricht drückt sich in der Sequenzialität des Plots die von den Beteiligten aktuell hervorgebrachte aufgabenspezifische Bearbeitungssequenz aus. In Anlehnung an ERICKSON 1982 sprechen wir hier von „ATS" (academic task structure). Hierauf wird im Anschluss detailliert in einem Beispiel eingegangen. Der Gesichtspunkt der Partizipationsstruktur, „SPS" nach ERICKSON (social participation structure), kommt im folgenden Kapitel im Zusammenhang mit der dritten Dimension zur Sprache.
Wenn sich in einer narrativ strukturierten Interaktion eine reflexive Rationalisierungspraxis ausdrückt, dann spiegelt sich in der ATS bzw. dem Plot die formale Struktur der entstandenen Argumentation wider; was war vorher bzw. ist gegeben, was kam später bzw. ist Folge, usw.

An einem Beispiel soll die narrative Struktur der reflexiven Rationalisierungspraxis illustriert werden.
Tamara und Samanta sitzen zusammen über Aufgabenblättern zur Hundertertafel (zweite Jahrgangsstufe). Jeweils nur mit einer Zahl versehene Ausschnitte dieser Tafel sind vorgegeben; sie sollen die abgebildeten freien Felder ausfüllen (Abbildung 2.7). Die zweite von ihnen bearbeitete Aufgabe stellt eine diagonale Anordnung solcher Felder dar. Bei der Bearbeitung dieser Aufgabe kommt es zu einem längeren Gespräch, von dem nur der folgende Ausschnitt wiedergegeben wird.

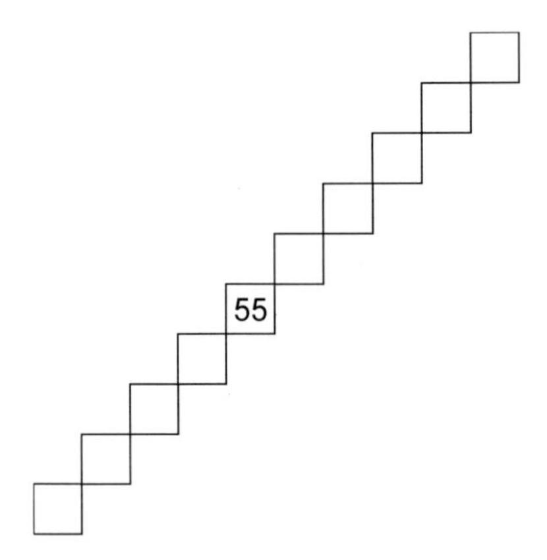


**Abbildung 2.7** Hundertertafel-Aufgabe

| | | |
|---|---|---|
| 48 | Tamara | Hier 55 dann fünfund- 56 |
| 49 | Samanta | Dann kommt 57 |
| 50 | Tamara | Genau (..) *Tamara schreibt ins 73er-Feld* was kommt dann/ |
| 51 | Samanta | 58 |
| 52 | Tamara | Genau *schreibt (...)* und dann/ |
| 53 | Samanta | 60 |
| 54 | Tamara | Tsesetse/ hast was ausgelassen/ |
| 55 | Samanta | Äh/ 59 |
| 56 | Tamara | Genau/ |
| 57 | | (3 sec) *Tamara schreibt* |
| 58< | Tamara | Und hier kommt dann/ *zeigt auf das 46er-Feld* (.) 54 |
| 59< | Samanta | 54 |
| 60 | Tamara | Ups Entschuldigung |
| 61 | Samanta | 54 *Tamara schreibt* |
| 62 | Tamara | Und da/ |
| 63 | Samanta | Da kommt 53\ |
| 64 | Tamara | *Schreibt* Genau/ bin schon mitten drin\ |
| 65 | Samanta | Dann kommt 52\ |
| 66 | Tamara | Genau/ geht glaub bis 50 |
| 67 | Samanta | Ja (...) dann kommt 51 danach\ |
| 68 | Tamara | Stimmt\ |
| 69 | Samanta | Und danach kommt dann 50\ |

| | | |
|---|---|---|
| 70 | Tamara | Genau\(3 sec) |
| 71 | | *Tamara füllt die Aufgabe fertig aus.* |

Der Plot dieses Bearbeitungsprozesses wurde bereits in der zuvor behandelten Aufgabe entwickelt. Er zeichnet sich durch folgende Grundstruktur aus:

- SPS:
  Schülerin A nennt die Zahl, die ins nächste Kästchen geschrieben werden soll und Schülerin B trägt diese Zahl in das entsprechende Feld ein.

- ATS:
  Die dabei je zu bestimmende Zahl ergibt sich durch Weiterzählen in Einerschritten.

Die Rationalität der zugehörigen ATS speist sich u. a. aus der großen Überzeugungskraft der Reihung der Natürlichen Zahlen. Zum Ersten gilt es hierbei zu bedenken, dass es im ersten Schuljahr eine Vielzahl ähnlicher Aufgaben gibt, bei denen die Kinder in Zahlenschlangen, gewundenen Messbändern u. ä. Zahlen in der kanonischen Reihenfolge der natürlichen Zahlen eingeben sollen. Zum Zweiten kann man vermuten, dass für Tamara und Samanta vom Zahlenraum bis 100 noch eine gewisse Faszination des Neuen ausgeht und sich somit in dem Weiterzählen auch ein gewisses Erfolgsgefühl ausdrückt. In diesem Aufzählen von Teilstücken der Zahlreihe durch Grundschul- und Vorschulkinder wird zum Dritten eine narrative Struktur an sich gesehen: Sie ist hoch sequenziell, und ihr Erwerb ist verwoben mit dem allgemeinen Spracherwerb[13], der seinerseits narrativ geprägt ist. Das Zählen hat für diese Kinder (noch) den Charakter des Erzählens. Ein Verweis auf eine solche Reihung stellt so etwas wie eine nicht weiter bezweifelbare Grundüberzeugung dar.
In Bezug auf die Argumentation lässt sich zusammenfassen: Gegeben ist die Zahl 55 in einer zehn Felder umfassenden ‚Treppe'. Die Mädchen

[13] Siehe hierzu z. B. Hughes 1986; Saxe, Guberman et al. 1987; Krummheuer 1995

schließen hieraus, dass sie die Zahlen vor und nach 55 in der kanonischen Anordnung der Natürlichen Zahlen eintragen sollen, d. h. sie zählen von 55 vorwärts und rückwärts. Als Toulmin-Layout ergibt sich (Abbildung 2.8):

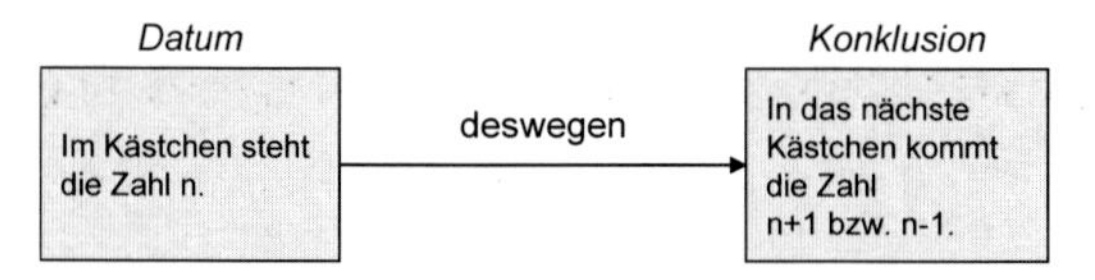


**Abbildung 2.8** Layout zur Hundertertafel-Aufgabe

Das Layout ist so gestaltet worden, dass nur ein Schluss dargestellt worden ist. Im Grunde haben die beiden Mädchen eine neungliedrige Argumentation erzeugt. Die Sequenzialität in dieser Vielgliedrigkeit ergibt sich aus der kanonischen Anordnung der Natürlichen Zahlen. Interessant sind im Transkript dann auch die Stellen, an denen diese Anordnung ‚verletzt' wird (<53,54> und <66-71>). Hier wird dann ohne viel Aufhebens (Strittigkeit) diese Anordnung wieder eingeholt. Insgesamt drückt sich in dieser ‚ungetrübten Sequenzialität' die ATS aus, die die Funktion eines narrativen Argumentationsplots ausübt.

# 3 Die dritte Dimension: Wann kommt ein Schüler dran?

Die Fragestellung, die auf die dritte Dimension verweist, wurde im ersten Kapitel wie folgt beschrieben: Was passiert in Bezug auf den regelhaften Verlauf der Interaktion? Diese anfängliche Formulierung kann folgendermaßen präzisiert werden: Wie gestaltet sich der Ablauf des Sprecherwechsels in der Interaktion? Mit diesem Kapitel rückt also die soziale Beteiligungsstruktur (SPS) im Mathematikunterricht „Wer tat wann was?" in den Blickpunkt. Es geht um die Organisation eines Interaktionsprozesses im Unterricht und um Regelmäßigkeiten im Ablauf des Sprecherwechsels. Mit anderen Worten: Kann man auf die Frage „Wann kommt ein Schüler dran?" auf eine Regelmäßigkeit in der Interaktion verweisen? Eine solche Regelmäßigkeit wird dann als ein Muster oder eine Prozedur beschrieben.

## 3.1 Organisationsstrukturen der Interaktion: Der Musterbegriff

Ein Beispiel, in dem es um eine individuelle Betreuung eines „schwachen" Kindes durch die Lehrerin geht, soll in die Thematik einführen. Das Beispiel stammt aus BAUERSFELD 1978. Es wird eine Textaufgabe bearbeitet, bei der zu berechnen ist, wie viel Wasser ein Quelle, die 200 hl pro Stunde ausschüttet, a) täglich, b) monatlich und c) jährlich liefert. Die Schülerin ist nur ein einziges Mal in der Lage, an den für sie vorgesehenen Stellen zu antworten. Die Interaktion entwickelt sich in einer musterhaften Weise (ebenda, S. 159 f.).[14]

| | | |
|---|---|---|
| 1 | L | ... da ist kein bestimmter Monat angegeben, |
| 2 | | dann nimmt man 30 Tage und rechnet mit 30 Tagen |
| 3 | | und in a) ist ja die Wassermenge von einem Tag schon angegeben. |
| 4 | | Und wie viel ist dann das für einen Monat? |
| 5 | S | (schweigt) |
| 6 | L | Na, du weißt, ein Monat hat 30 Tage ... |
| 7 | S | (bejahend) ... Hm.. |
| 8 | L | ... und nun? |
| 9 | S | (schweigt) |
| 10 | L | Eine Stunde, du brauchst ja jetzt noch gar nicht zu sagen, |
| 11 | | wie viel ein Tag hat, das musst du ja erst noch ausrechnen, |
| 12 | | also ein Tag hat x Hektoliter, nich, |
| 13 | | und dann kannst du x Hektoliter mal wie viel nehmen? |
| 14 | S | (schweigt) |
| 15 | L | Na wie viel haben wir gesagt für einen Monat? |
| 16 | S | 30 Tage |
| 17 | L | Also x Hektoliter mal 30. |
| 18 | | Das wären dann die Hektoliter für einen Monat |

*Notieren Sie für die Zeilen 5, 9 und 14 mögliche Antworten. Was fällt auf? Fällt Ihnen ein Bild ein, mit dem Sie den musterhaften Verlauf des Unterrichtsausschnitts beschreiben können?*
*Betrachten Sie die Szene außerdem unter dem Aspekt des Lernens.*

Die Interaktionsanalyse wird hier nicht im Detail vorgestellt (siehe hierzu BAUERSFELD 1978, S. 160 – 162). Auf der Grundlage der Analysen von BAUERSFELD verstehen wir die Szene so, dass der Aufgabenteil a) übersprungen wird <3, 11> und die Lehrerin das Interesse auf den Aufgabenteil b) lenkt <4>. Auf die Frage der Aufgabe b) gibt die Schülerin keine Antwort <5>. Lehrerin und Schülerin verständigen sich darauf, dass der

[14] Das Transkript folgt nicht der sonst in diesem Buch verwendeten Transkriptionsschreibweise.

Monat mit 30 Tagen „gerechnet“ wird <2, 6, 7>. In <10 – 13> schlägt die Lehrerin vor, die Ausschüttung der Quelle pro Tag mit „x hl“ zu setzen, wobei die Schülerin die Frage, mit welcher Zahl für die Ermittlung der monatlichen Ausschüttung x hl zu multiplizieren sei, nicht beantwortet <13, 14>. Die Frage nach der Zahl der Tage eines Monats beantwortet sie dagegen vereinbarungsgemäß <15, 16>. Schließlich nennt die Lehrerin den Lösungsansatz für die Berechung der monatlichen Ausschüttung: x hl mal 30 <17, 18>.

Es handelt sich hier also um eine Szene, in der die Lehrerin insgesamt fünf Fragen stellt. Die Schülerin gibt lediglich auf die vierte Frage <15> eine Antwort <16>. Zu den anderen schweigt sie. Die Redebeiträge „Frage – Antwort“ hängen in so enger Weise zusammen, dass man in einer Interaktion gewöhnlich auf eine Frage eine Antwort erwartet. In der Konversationsanalyse spricht man hier von einem „adjacency pair“ (EBERLE 1997, S. 252; siehe auch KRUMMHEUER 2002, S. 47 ff). Diese Erwartung wird im vorliegenden Unterrichtsausschnitt in vier von fünf Fällen nicht erfüllt. Gerahmt als eine Lehr-Lern-Situation, interpretieren wir diese Beobachtungen folgendermaßen: Die nicht-gegebenen Antworten verstehen wir als Ausdruck einer Bearbeitungsschwierigkeit. Die Abfolge der Fragen von der Lehrerin deuten wir als deren Versuch, die Schwierigkeiten der Aufgabe zu isolieren.

Hierbei kann man ein Interaktionsmuster rekonstruieren, das BAUERSFELD 1978 das „Trichter-Muster“ (S. 162) nennt. Es besteht aus fünf Schritten oder Phasen:

1. Der Schüler kann die erforderlichen mathematischen Operationen zur Lösung einer gegebenen Aufgabe nicht identifizieren bzw. die notwendigen (argumentativen) Schlüsse nicht ziehen.

2. Die Lehrerin fragt nach diesen Operationen bzw. Schlüssen – der Schüler antwortet gar nicht oder falsch. Die Antworterwartung wird damit verletzt.

3. Die Lehrerin zielt nun darauf, die (richtige) Antwort zu erhalten, indem sie nur noch nach Teilen der Antwort erfragt oder Voraussetzungen des argumentativen Schlusses hervorhebt bzw. nennen lässt.

4. Weiteres Ausbleiben von (erwarteten) Antworten führt zu Fragen, die den Spielraum der Antworten gemäß 3. noch weiter einschränken.

5. Dieser Prozess der ‚Handlungsverengung durch Antworterwartung' endet im Extremfall beim bloßen Hersagen von (erfragten) Fakten (vgl. ebenda S. 162).

Diese Szene zur Einführung in den Themenbereich der Interaktionsmuster mag man als ein Beispiel schlechten Unterrichts ansehen. Wie BAUERSFELD ausführt, wird von der Lehrerin in dieser Szene so wie von den Autoren, die sie publiziert haben, dieses Unterrichtsgespräch allerdings als gelungene Form einer individuellen Beratung eines schwachen Schülers angesehen, den man durch die ganze Aufgaben führen müsse und nicht nur mit ein paar wenigen Denkanstößen weiterhelfen würde (ebenda S. 163). Es soll auf diese Problematik nicht weiter eingegangen werden. Hier interessiert vor allem die musterhafte Struktur, die sich in dem Bearbeitungsgespräch entwickelt hat.
Ein Interaktionsmuster baut auf den Grundbausteinen der Interaktion, den „adjacency pairs", auf. In einem Muster fügen sich derartige Bausteine zu einer längeren Kette (Struktur) zusammen. Mit dem Begriff „Interaktionsmuster" werden derartige interaktive Prozesse inhaltlicher Themenentwicklungen zu beschreiben versucht. Durch diese Struktur werden die Möglichkeiten der Bedeutungsaushandlung begrenzt. Im obigen Beispiel ist die Kette formal die Aneinanderreihung solcher Frage-Antwort-Paare. Inhaltlich wird durch die schrittweise Einengung des Antwortspielraumes auch das mathematische Handeln zunehmend trivialer.

VOIGT 1984 definiert:

Als ein Interaktionsmuster soll eine Struktur der Interaktion zweier oder mehrerer Subjekte verstanden werden, wenn

- mit der Struktur eine spezifische, themenzentrierte Regelmäßigkeit der Interaktion rekonstruiert wird,

- die Struktur sich auf die Handlungen, Interpretationen, wechselseitigen Wahrnehmungen mindestens zweier Interaktionspartner bezieht und nicht als Summe der individuellen Aktivitäten darstellbar ist,

- die Struktur nicht mit der Befolgung von vorgegebenen Regeln im Sinne einer expliziten oder impliziten Grammatik deduktiv erklärt werden kann und

- die beteiligten Subjekte die Regelmäßigkeit nicht bewusst strategisch erzeugen und sie nicht reflektieren, sondern routinemäßig vollziehen (S. 47).

Durch den Einbezug der „Themenzentriertheit" in der ersten Bedingung wird der Begriff auf sachbezogene Auseinandersetzungen eingeschränkt – es geht um den Mathematikunterricht und nicht um ein Gespräch in der Kneipe mit beliebigen oder wechselnden Themen. Mit der zweiten Bedingung wird betont, dass diese Muster von den Beteiligten nicht ‚blind' vollzogen werden, sondern auf ihren situationsbezogenen Interpretationen beruhen. Ein solches ‚blindes' Routinehandeln könnte man sich z. B. im Mathematikunterricht wohl in Situationen zum automatisierten Üben (siehe PADBERG, S. 264ff.) des Einmaleins vorstellen, in der zwei Schüler im Wechsel eine Einmaleinsreihe aufsagen. Der Musterbegriff will gerade nicht solche Situationen beschreiben. Er soll sich auf Situationen beziehen, in denen neue, bzw. noch nicht beherrschte Aufgaben behandelt werden oder in ein neues Thema eingeführt wird. Die dritte Bedingung schließt durch Regeln oder Ordnungen vorgeschriebene Handlungsweisen aus. Als Beispiele seien hier Handlungen aufgrund von Schul- oder Klassenordnung genannt. Mit der letzten Bedingung sollen Inszenierungen wie auf der Bühne im Theater ausgeschlossen werden (VOIGT 1984, S. 47f). Für den Musterbegriff im Zusammenhang mit Interaktionen im Mathematikunterricht sind insbesondere die beiden ersten Punkte von Interesse. Das Wort „Muster" suggeriert die Vorstellung von einem starren, vorgefertigten Gebilde. Obwohl sich der Begriff „Interaktionsmuster" durchgesetzt hat, soll gerade diese Vorstellung nicht damit transportiert werden. Ein solches Muster entsteht im Vollzug der Interaktion. Gewöhnlich wird es von den Interaktanten nicht wahrgenommen und auch nicht bewusst zu realisieren versucht. Zug auf Gegenzug entsteht es aus den Aktionen und Reaktionen der Beteiligten, aus den damit verbundenen Erwartungen und erwarteten Erwartungen usw. An anderer Stelle schlagen NETH/VOIGT 1991 den Begriff der „thematischen Prozedur“ vor (S. 86).

Es folgen drei Beispiele von Interaktionsmustern oder thematischen Prozeduren aus dem alltäglichen Mathematikunterricht.

## 3.2 Beispiele aus dem Mathematikunterricht

### Beispiel 1) Erarbeitungsprozessmuster

Das erste vorzustellende Interaktionsmuster nennt VOIGT (1984) das „Erarbeitungsprozessmuster“. In gewisser Weise übernimmt es den handlungsverengenden Charakter des Trichter-Musters. Es bezieht sich jedoch eher auf Unterrichtsphasen, in denen ‚neuer Stoff‘ oder eine neuartige Zugangsweise zu einem bekannten Inhalt *erarbeitet* werden sollen. Nach VOIGT 1984 zeichnet sich das Erarbeitungsprozessmuster durch die folgenden drei Phasen aus:

Phase 1: Nennung der offenen Aufgabe durch den Lehrer, erste Schülerangebote und vorläufige Einschätzung durch den Lehrer – *Konstituierung der Aufgabe*

Phase 2: Kanalisierte Entwicklung der endgültigen Lösung – *Fixierung der Lösung*

Phase 3: Bewertung der thematisierten offenen Verfahren und Ergebnisse und Reflexion des kontextuellen Zusammenhangs – *Interpretation des Vorgehens*

[...] Die erste Phase des Erarbeitungsprozessmusters ist dadurch charakterisiert, dass der Lehrer eine Aufgabe stellt, die von den Schülern nicht eindeutig beantwortbar ist, und dass die Schüler, oft anderen als formal-logischen Prinzipien folgend, Lösungsansätze anbieten, die der Lehrer direkt oder indirekt als richtig, falsch, hilfreich oder Ähnliches bewertet. Auf diese Weise wird ein vorläufiges Aufgabenverständnis hergestellt. In der zweiten Phase wird von den Beteiligten ein offiziell geltendes Ergebnis gemeinsam produziert, indem ein vom Lehrer bestimmter Ansatz entwickelnd verfolgt wird. In der dritten Phase werden die Aufgabe, die Lösung oder der Lösungsweg selbst zum Gegenstand eines interpretierenden Gesprächs. (VOIGT 1994, S. 128)

*Versuchen Sie, die drei Phasen des Erarbeitungsprozessmusters in Bezug zu dem Beispiel mit den 13 Perlen zu setzen.*

Deutlich lässt sich erkennen, dass die Unterrichtsepisode „13 Perlen“ bezogen auf die ersten beiden Phasen des Bearbeitungsprozessmusters ein Beispiel für einen solchen musterhaften Prozess ist: Die Lehrerin stellt eine offene Frage, zu der die Schüler Antwortvorschläge bieten. Über den mathematischen Gehalt dieser Lösungsansätze lässt sich keine eindeutige Aussage treffen. Das „oder“ der Lehrerin signalisiert, dass ihre Antworterwartung befriedigt wurde. Ein vorläufiges Aufgabenverständnis entwickelt sich, wird kanalisiert und spätestens in Zeile 108 etabliert. Das Nennen (korrekter) additiver Zerlegungen gilt nun offiziell als erwartungsgemäßes Handeln.

## Beispiel 2)
## Muster der inszenierten Alltäglichkeit

Als zweites Muster soll das „Muster der inszenierten Alltäglichkeit“ (VOIGT/NETH 1984, S.177) beschrieben und an einem Beispiel[15] verdeutlicht werden. Dabei wird u. a. differenzierter auf Alltagsbezüge im Mathematikunterricht eingegangen. Es folgt ein längeres Zitat aus NETH / VOIGT 1991, S. 91- 94; siehe auch KRUMMHEUER 2002, S. 41ff).

15 Dieses Transkript folgt nicht den sonst üblichen Transkriptionsregeln in diesem Buch.

Die Szene stammt aus einer Unterrichtsstunde, die in der ersten Hälfte des zweiten Schuljahres gehalten wurde. Es ging um den Zahlenraum bis Hundert. Zu Beginn dieser Unterrichtsstunde wurde mündlich an der Hundertertafel gearbeitet. Die Lehrerin nannte jeweils eine Zahl und fragte die Schüler, wie viel zum vollen Zehner fehlten. Im zweiten Teil der Stunde wurde Einkaufen gespielt. Der Käufer wählte jeweils zwei Warenteile. Der Verkäufer schrieb einen entsprechenden Zahlensatz und kassierte Spielgeld. Nun, im letzten Teil der Stunde, möchte die Lehrerin im Kontext des Kaufens das Auffüllen von Zahlen auf volle Zehner behandeln.

Zu Beginn heftet die Lehrerin das Symbol eines Balles an die Hefttafel:

| | | |
|---|---|---|
| 1 | L: | so. .. dieser, dieser Ball .. ist ein, das ist ein |
| 2 | | ganz ganz besonderer Ball *(4sec)* |

Die Lehrerin markiert die Eröffnung des Themas mit dem bestimmt ausgesprochenen „so". Mit der Hervorhebung „ganz ganz besonderer Ball" versucht sie anscheinend, die Aufmerksamkeit der Schüler auf das Geschehen an der Tafel zu richten. Es gelingt:

| | | |
|---|---|---|
| 3 | S: | 200 Mark fünfzig |
| 4 | S: | 200 Mark |

Ein besonderer Ball muss schließlich einen besonderen Preis haben.

| | | |
|---|---|---|
| 5 | L: | dieser Ball kostet' ... das ist ein Zauberball |
| 6 | | der kostet - |
| 7 | S: | 200 Mark |
| 8 | S: | 100 Mark |
| 9 | L: | Das ist zuviel., der kostet dreißig Mark. |
| 10 | | *(Die Lehrerin trägt 30 DM unter den Ball ein.)* |

Die Lehrerin nimmt das z. T. lautstark geäußerte Interesse der Schüler an der Feststellung des Preises für den Ball auf. Sie akzeptiert nur die Preisvorschläge nicht, vermutlich weil man curricular im Zahlenraum bis Hundert bleiben sollte. Das Argument der Lehrerin „das ist zuviel" verdeutlicht jedoch eine solche curriculare Grenzziehung nicht, das Argument kann ebenso im alltäglichen Sinne verstanden werden, dass der Preis von 100 DM zu teuer wäre. Durch die Preisbestimmung wird der erste Teil eines Zahlensatzes konstituiert und an der Tafel festgehalten. Ein weiterer Teil folgt:

| | | |
|---|---|---|
| 11 | L: | dreißig DM. .. und .. Jennifer, jetzt ist |
| 12 | | der Mund zu ... Andreas, Matthias bitte - ... |
| 13 | | und der *(schreibt „Peter" an die Tafel,* |
| 14 | | *2 sec)* Peter, der möchte sich diesen Ball, schreck- |
| 15 | | lich gerne kaufen ... Anita halt jetzt deinen |
| 16 | | Mund., und er hat schon tüchtig gespart' .. und |
| 17 | | als er seine Spardose aufmacht und nachguckt |
| 18 | | da sieht er dass er *(schreibt hinter „Peter"* |
| 19 | | *noch „24 DM", 2 sec)* |
| 20 | S: | dreißig DM |
| 21 | L: | vierundzwanzig Mark schon gespart hat |

Möglicherweise stellt die Unruhe der Schüler (Zeile 11-16) eine Reaktion auf das Abwehren ihrer assoziativen Mathematisierungsversuche bei den Preisvorschlägen dar; jedenfalls sieht die Lehrerin Disziplinprobleme. Sie führt die Alltagsgeschichte um den Ball weiter aus. Wie in der vorhergehenden Phase wird eine Zahl an der Tafel festgehalten.

Anschließend bilden die Schüler persönliche Bezüge zu der Geschichte aus, indem sie spontan das Gesparte bewerten:

| | | |
|---|---|---|
| 22 | S: | gut ne' |
| 23 | S: | oh, so wenig |
| 24 | S: | ich hab schon sechsunddreißig |
| 25 | L: | so. wer jetzt was sagen möchte meldet sich. |
| 26 | | jetzt wird nicht in die Klasse gerufen .. der |
| 27 | | steht vor dem Laden und guckt sich das Preisschild- |
| 28 | | chen an und den Ball an und überlegt *(4sec)* |
| 29 | S: | *(sehr leise)* der braucht noch sechs Mark |
| 30 | L: | was überlegt der wohl ... Andreas. |

Die Lehrerin reagiert auf die alltagsbezogenen Äußerungen zum Gesparten mit einer Disziplinierung. Sie schmückt den Sachzusammenhang weiter aus und bietet dabei den Schülern an, sich mit Peter zu identifizieren und seine Gedanken zu erraten. Aus schulmathematischer Sicht geht es um die arithmetische Aufgabenstellung, die die beiden bisher genannten Zahlen verbindet. Für uns Erwachsene, die im Mathematikunterricht hinreichend sozialisiert wurden, liegt es auf der Hand, die Differenz zwischen 24 DM und 30 DM zu bestimmen. Einigen Schülern scheint eine andere Überlegung von Peter bedeutsam zu sein. Sie erläutern den Sachzusammenhang, wie Kinder ihn oft erfahren:

| | | |
|---|---|---|
| 31 | Andreas: | ö, ob er das Geld, ob er das noch, wieder in die |
| 32 | | Spardose tut das Geld, und dann spart esr weil, |
| 33 | | wenn die Oma mal kommt dann kriegt er mit Sicher- |
| 34 | | heit nochn bisschen Geld Taschengeld. |
| 35 | L: | *(flüsternd)* ja, richtig. + Katrin |
| 36 | Katrin: | er kann auch überlegen, mal sehn, hoffentlich |
| 37 | | krieg ich beim Diktat oder so was oder beim Rechen- |
| 38 | | test null Fehler hab dass ich vielleicht etwas |
| 39 | | Taschengeld kriege von seiner Oma oder - |
| 40 | Anita: | wenn, man jetzt hier in der Schule ein |
| 41 | | Diktat geschrieben hat und null Fehler dann |
| 42 | | kriegt man von der Lehrerin kein Geld |
| 43 | L: | *(lacht)* |
| 44 | Ss: | Nein, von der Mutter! |

Den Kindern scheint klar zu sein, dass dem Peter Geld fehlt. Wichtig ist ihnen, wie Peter an das fehlende Geld kommt. Sie argumentieren kohärent und bilden ein eigenes Thema. Und tatsächlich ist es im Alltag oft vordringlicher, eine Idee zu haben, wie man an Geld gelangt, als den genauen Betrag zu bestimmen. Gemäß der Rahmenanalyse (Krummheuer 1983) kann man hier die Unterschiedlichkeit zwischen Alltagsrahmung und schulmathematischer Rahmung rekonstruieren. In Katrins Antwort „dass ich vielleicht etwas Geld von seiner Oma kriege" wird deutlich, wie sich die distanzierte Argumentation mit dem Hineinversetzen in die fiktive Sachsituation vermengt.

Hier ist keine Ironie mehr zu spüren, die man vorher noch in den Preisvorschlägen für den Ball vermuten konnte. Was aus Sicht der Lehrerin Einkleidung sein mag, bildet für die Schüler nun die Hauptsache. Gleichwohl richten die Schüler ihre Gedanken auch auf die Situation des Mathematikunterrichts aus (Rechentest, null Fehler, Lehrerin). Die Lehrerin akzeptiert diese Entwicklung des Themas vorläufig; sie deutet aber durch ihr Flüstern und Lachen an, dass sie es offiziell nicht so wichtig nimmt.

| | | |
|---|---|---|
| 45 | L: | von der Mutter meinte sie. Jaha' ja, ihr habt |
| 46 | | mir jetzt alle schon gesagt ihr macht euch Gedan- |
| 47 | | ken wie dieser Peter wohl zu dem fehlenden Geld |
| 48 | | kommt., ich mach mir natürlich Gedanken, wie viel |
| 49 | | fehlt dem denn eigentlich noch' |

Die Lehrerin zeigt zum Einen Verständnis für die Schülerbeiträge, zum Anderen greift sie ein und macht den Kindern deutlich, dass es um die Höhe des fehlenden Geldbetrags gehen soll. Mittels Autorität „ich" spitzt sie den Blickwinkel auf die Differenz zwischen Preis und Guthaben zu.

| | | |
|---|---|---|
| 50 | Ss: | sechs mar, sechzehn Mark |
| 51 | L: | wer kann, das Zahlensätzchen, dazu aufschreiben. |
| 52 | | .. passt mal auf. Nehmt mal euer Heft und schreibt |
| 53 | | es in euer Heft und einer schreibt es an die Ta- |
| 54 | | fel. Und dann vergleicht ihr" |

Dieses Muster besteht aus vier Phasen:

Phase 1: *Anknüpfen an außerschulische Alltagsvorstellungen der Schüler durch den Lehrer:* Der Lehrer stellt eine Aufgabe, die an den außerschulischen Erfahrungsraum der Schüler anknüpft. Die Aufgabe ist insofern mehrdeutig, als den Schülern die schulmathematisch relevanten Grundlagen fehlen, um sicher die vom Lehrer gewünschte Antwort geben zu können. (VOIGT 1984, S. 177)

Phase 2: *Bezug auf außerschulische Alltagsvorstellungen durch die Schüler:* Ein Schüler antwortet konsistent auf der Grundlage seiner subjektiven Erfahrungen im außerschulischen Alltag, allerdings nicht in dem vom Lehrer gewünschten Sinne. (ebenda, S. 177)

Phase 3: *Abwehren von außerschulischen Alltagsvorstellungen eines Schülers:* Der Lehrer ändert den Aufgabenkontext, er ändert ihn aber so, dass der alltagsweltliche Sinnzusammenhang äußerlich erhalten bleibt und gleichzeitig zur Lösung überschritten werden muss. (ebenda, S. 178)

(Phase 4: Schüler signalisieren (Ein-) Verständnis.) (ebenda, S. 178)

Das mit diesen Phasen charakterisierte Interaktionsmuster wird das Muster der inszenierten Alltäglichkeit (kurz: Inszenierungsmuster) genannt. Der Lehrer leitet ein Thema ein, dass einen außerschulischen, alltäglichen Erfahrungsbereich der Schüler hervorruft. Der Alltagsbezug wird in dem Sinne inszeniert, als die Wahrnehmungsperspektiven und Handlungsmuster aus diesem alltäglichen Erfahrungsbereich, wie sie die Schüler erkennen lassen, nicht zur Behandlung des Themas aufgegriffen werden, sondern vom Lehrer durch Änderung der Anfangsbedingungen indirekt aus der offiziellen Entwicklung des Themas gelöst werden. (VOIGT 1984, S. 178)

## Beispiel 3) Thematische Prozedur der Vermathematisierung

NETH / VOIGT (1991) greifen dieses „Inszenierungsmuster" in einer späteren Studie noch einmal auf und zeigen, wie es sich in den für den Grundschulmathematikunterricht so typischen Situationen zum Einkaufen, z. B. Einkaufsspiele, und zu Rechengeschichten relativ stabil entwickelt. Sie sprechen hier von einer „Thematischen Prozedur der Vermathematisierung" (ebenda, S. 86ff.). Die thematische Entwicklung verläuft in diesen Situationen entlang der Phasen des Inszenierungsmusters; die beiden Autoren führen aus:

- Das Thema setzt an der Lebenswelt der Schüler an und endet in einer formalen mathematischen Aussage. Die Mehrdeutigkeit der Sache wird auf eine Rechnung reduziert, die an der Tafel offizielle Verbindlichkeit erhält.

- Während die Schüler lokal auch alternative Mathematisierungsangebote machen, lenkt die Lehrerin das Thema auf einen bestimmten Typ von Rechenaufgaben hin. Dem sachbezogenen, phantasiereichen Problembewusstsein der Schüler stehen didaktisch-methodisch gerahmte Konzentrationen auf Seiten der Lehrerin gegenüber.

- Die von der Lehrerin angezielte Mathematisierung der Sachsituation geschieht in einzelnen Schritten, wobei Teilen der Sache nacheinander bestimmte mathematische Zeichen auf der Tafel zugeordnet werden. Dabei ist es für diese Art der Themenentwicklung anscheinend nicht nötig, dass die Lehrerin den Schülern ihre direkten Motive kenntlich macht.

- Zum Teil wird auch die Form der mathematischen Aussage festgelegt, indem ihr Alltagsbezug ausgehandelt wird. (ebenda, S. 97)

Auch diese Prozeduren ähneln dem Trichter-Muster.

Die Ausführungen zu der thematischen Prozedur der Vermathematisierung verdeutlicht, dass die durch den Musterbegriff beschriebenen Partizipationsstrukturen inhaltlich bestimmt sind. Interaktionsmuster bzw. thematische Prozeduren beschreiben Strukturen von Interaktionsprozessen aus dem Mathematikunterricht, die initiiert werden, um Schülern das Lernen von Mathematik zu ermöglichen. Die jeweiligen Muster helfen zu rekonstruieren, wie sich über die Beiträge von Lehrperson und Schülern im Vollzug einer solchen SPS das mathematische Thema entwickelt. Es wird das als geteilt geltende Wissen hervorgebracht und durch die evaluierenden Beiträge der Lehrperson zu mathematisch gültigem Wissen erhoben. In all den beschriebenen Mustern ist dieses als geteilt geltende Wissen die ‚richtige Lösung' einer Aufgabe. Die Muster entstehen bei der gemeinsamen Lösungssuche.

## 3.3 Flexibilisierung der Antwortgeber-Rolle: Der Formatbegriff

Bedenkt man, dass die oben beschriebenen Interaktionsmuster in mathematischen Lehr-Lern-Prozessen rekonstruiert worden sind, dann ist aus Sicht der Förderung mathematischen Lernens das Verhaftenbleiben der Schüler in der Rolle des Antwortengebenden nicht immer ausreichend. In den wiedergegebenen Beispielen ist die Rolle der Schüler in formaler Hinsicht immer die eines Antwortgebenden. Er spielt gleichsam den zweiten Part im Frage-Antwort-Paar. Sie bleiben so in großer Abhängigkeit von der fragenden Lehrperson und es bleiben Zweifel, ob auf diese Weise die Schüler lernen, mathematische Probleme selbstständig zu bearbeiten und zu lösen. Mit dem Begriff des „Formats" wird im Folgenden eine Alternative zum Begriff des Interaktionsmusters vorgestellt, welche derartige Handlungszuwächse bei Schülern zu fassen vermag.
Der Begriff ist von BRUNER in seinen Studien zum Mutterspracherwerb eingeführt worden und wird von ihm definiert als

... standardized, initially microcosmic interaction pattern between an adult and an infant that contains demarcated roles that eventually become reversible (BRUNER 1983, S. 120f).

... ein standardisiertes Interaktionsmuster zwischen einem Erwachsenen und einem Kleinkind, welches als ursprünglicher 'Mikrokosmos' feste Rollen enthält, die mit der Zeit vertauschbar werden (BRUNER 1987, S. 103).

Dieser Begriff beschreibt eine Interaktionsstruktur, in der Lernen ermöglicht wird. Die typische Interaktion ist hierbei die zwischen einem Kind und einem Erwachsenen. Für den Mutterspracherwerb leuchtet diese asymmetrische Konstellation unmittelbar ein. Man lernt seine Muttersprache in Interaktion mit Erwachsenen, die diese Sprache schon (weitgehend) beherrschen, wie z. B. die Mutter. Nach BRUNER 1983 kann das Format nicht nur für den Mutterspracherwerb, sondern auch auf andere Lernprozesse angewendet werden (ebenda S. 114ff). Es beinhaltet allgemein die Vorstellung vom Lernen als schrittweise zunehmende Handlungsautono-

mie im Rahmen von interaktiv stabilisierten Interaktionsstrukturen („standardisierte Interaktionsmuster"). Der Autonomiezuwachs dokumentiert sich dann in der Rollenverschiebung innerhalb dieser Muster. Der Lernende übernimmt also immer größere Anteile des standardisierten Interaktionsmusters selbst, wird zunehmend autonomer.
Bei Formaten im Vorschul- und Grundschulbereich handelt es sich häufig um kleine ‚Spiele'. Ein Beispiel für ein Format aus BRUNERs Untersuchungen ist das Format des ‚Versteck-Spiels'. Hierbei wird ein Gegenstand, wie z. B. eine Puppe, hinter dem Rücken versteckt, dann die Frage nach der verschwundenen Puppe gestellt und nach einer kurzen Suchphase zur größten Freude von Mutter und Kind die Puppe wieder hervorgeholt. Ein solches Spiel wird anfänglich unter Leitung der Mutter als ein Format bis in die Feinabstimmung der Interaktionsbeiträge stabilisiert. Die Mutter versteckt beispielsweise die Puppe hinter ihrem Rücken. Bei diesem formatierten Spiel werden Möglichkeiten für Verbalisierungsversuche des Kindes verortet. In ihm werden auch bei zunehmendem Funktionsschliff anfängliche Rollenzuschreibungen variiert. Z. B. versteckt das Kind anstelle der Mutter nach einiger Zeit die Puppe und lässt die Mutter suchen (siehe BRUNER 1983, S. 47-60/1987, S. 38-50; KRUMMHEUER 2002, S. 59).

Für Unterrichtsanalysen werden wir diesen Begriff in zweifacher Hinsicht erweitern müssen, was im Rahmen der beiden letzten Dimensionen geschehen wird. Zum einen ist die Vorstellung von Unterricht als einer von zwei Personen bestrittenen Interaktion, der „Dyade", unzureichend. Unterricht wird von mehr als zwei Personen ‚gemacht'. Unterricht hat, wie wir sagen, eine „polyadische" Struktur. Wir wollen den Formatbegriff auch auf derartig strukturierte Interaktionen anwenden. Zum anderen soll der Begriff auch für die Rekonstruktion von Schülerarbeitsphasen brauchbar sein, in denen die interaktive Asymmetrie weniger offensichtlich oder gar nicht wirksam ist. Hier müssen wir auf recht unerwartete Variationen von Formaten im BRUNERschen Originalverständnis gefasst sein. Beispiele dieser Variationen des Formatbegriffs werden in den beiden folgenden Kapiteln zum Tragen kommen.

## 3.4 Das Argumentationsformat Musterhafte Hervorbringung von Argumentationen

Mit Blick auf die im vorhergehenden Kapitel behandelte reflexive Rationalisierungspraxis im Mathematikunterricht der Grundschule lassen sich mit dem Formatbegriff auch Fragen angehen, die den argumentativen Aspekt zwischenmenschlichen Handelns betreffen. Mit dem Begriff des Interaktionsmusters ist es häufig möglich zu beschreiben, wie eine Lösung zu als geteilt geltendem Wissen gemacht wird. Der Begriff umfasst aber nicht den argumentativen Aspekt, warum eine Lösung für richtig gehalten wird. Das war Thema des vorangegangenen Kapitels zur Rationalisierungspraxis. Mit dem Begriff des „Argumentationsformats" sollen nun der Gesichtspunkt der Rationalisierungspraxis in Lehr-Lern-Prozessen genauer gefasst und musterhafte Strukturen in den Prozessen des Argumentierens im Mathematikunterricht beschrieben werden.
Sowohl der Begriff des Interaktionsmusters als auch der des Argumentationsformats beziehen sich auf den schulischen Interaktionsprozess, in dem gemeinsam an einer Mathematikaufgabe gearbeitet wird. Das Interaktionsmuster erfasst den Aspekt von sich stabilisierenden Partizipationsstrukturen und deren Auswirkungen auf das Verständnis der als richtig geltenden Lösung. Das Argumentationsformat bezieht sich dagegen auf den Aspekt der sich im Laufe der Zeit verändernden Partizipationsstrukturen und dabei auf die Rationalität der erzeugten Aufgabenbearbeitungsprozesse.
Im letzten Kapitel führten wir aus, dass dieser argumentative Aspekt ein wichtiges Moment zur Ermöglichung mathematischen Lernens ist. Das Lernen wird, pointiert gesagt, nicht so sehr durch Partizipation an ‚richtigen' Aufgabenbearbeitungen, sondern viel mehr durch Partizipation an den dazugehörigen Rationalisierungen (Argumentationen) ermöglicht (siehe auch Kapitel 6.2). Eine weitere Klärung zu den Begriffen Argumentationsformat und Interaktionsmuster soll an zwei Beispielen erfolgen. Sie sollen verdeutlichen, wie eine Rationalisierungspraxis hervorgebracht wird, die es den Schülern ermöglichen könnte, in der Folgezeit zunehmend selbstständiger eigene Rechnungen mithilfe der

selbstständiger eigene Rechnungen mithilfe der Veranschaulichung zu begründen.

> *Machen Sie sich Gedanken darüber, wie Sie mithilfe verschiedener Veranschaulichungen Erstklässlern die Richtigkeit der Gleichungen 5+3=8 und 8-3=5 „zeigen" können. Versuchen Sie es u. a. mit Wendeplättchen und Cuisenaire-Stäbchen (siehe* KRUMMHEUER *1995, S. 25ff.).*

Die Lehrerin zeichnet im darzustellenden 1. Beispiel fünf Kringel in einer Reihe mit weißer Kreide an die Tafel und färbt anschließend die ersten drei Kringel grün und die letzten zwei Kringel gelb ein.[16]

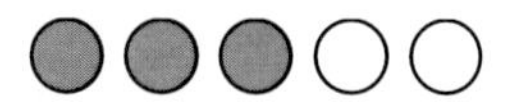

Die Lehrerin erläutert, dass dies „Kringelchen" und keine „Nullen" oder „os" sind. Im nächsten Schritt werden ‚öffentlich' die Schülervorkenntnisse zur Addition im Zahlraum bis 5 der vorangegangenen Stunden aktiviert. Sodann eröffnet die Lehrerin ein neues Thema:

| | | |
|---|---|---|
| 22 | L: | ich möchte heute etwas **anderes** machen\ |
| 23 | | ich möchte euch den **Zahlen**satz dafür anschreiben\ |
| 24 | | ihr kennt einen Satz vom **Lesen** und- in der- Mathematik im Rechnen |
| 25 | | könnt ihr auch einen Satz schreiben. . . |
| : | : | : |
| 29 | L: | ich hatte euch zuerst fünf.. Kreise angemalt... |
| 30 | S: | plus |
| 31 | L: | diese **fünf** Kreise- sind drei- grüne.. **plus** zwei gelbe. |
| 32 | | **das** ist der **Zahlen**satz der **hier** zugehört.. sprecht mal- mit mir mit |
| 33 | L u. Ss: | *(im Chor)* f ü n f - + |
| 34 | L: | das waren die fünf die ich euch ange malt habe |
| 35 | <L u. Ss | *(im Chor)* g l e i c h -.. d r e i -..p l u s -+.. |
| 36 | <Ss: | *(abfallend)* z w e i\+ |

16 Dieses und das folgende Beispiel sind zu größeren Teilen aus KRUMMHEUER 1989, S. 235-240, entnommen.

Folgende weitere Zahlensätze werden gemäß diesem Schema gemeinsam entwickelt (Abbildung 3.1):

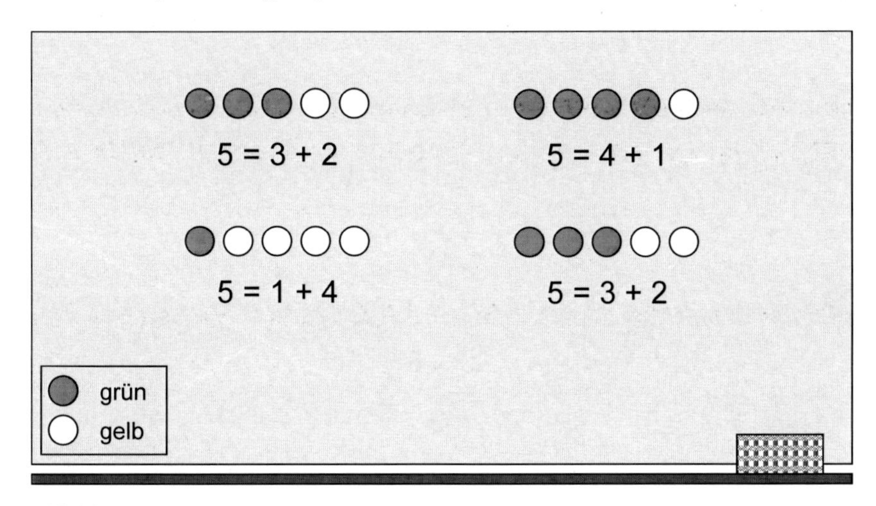


**Abbildung 3.1** Tafelbild 1

Im Weiteren soll es nicht darum gehen, methodische Alternativen zu diskutieren. Vielmehr soll gezeigt werden, wie die erste Phase eines Argumentationsformats konstituiert wird. Mit verbalen und unterstützenden gestischen Handlungen zeigt die Lehrerin auf, wie Teilmengen der Kringelchen-Menge mit Zahlensymbolen identifiziert werden sollen. Dazu fügt sie an ganz bestimmten Stellen die Vokabeln „gleich" und „plus" ein. Im Chor wird dieser „Zahlensatz" nachgesprochen. Hierbei benennt die Lehrerin in den Sprechpausen noch einmal die jeweiligen Zuordnungen zwischen den Zeichen im Zahlensatz und den ‚Zeichen' in den Veranschaulichungen. Anschließend wird dieses Ablaufschema mehrfach wiederholt. Die erste Phase der Konstituierung eines Argumentationsformats ist abgeschlossen. Die zugehörige ATS sieht folgendermaßen aus:

Schritt 1: Eine Anzahl n von Kringeln wird genannt (bestimmt) <29>
Schritt 2: Die Anzahl der Teilmengen von gelben Kringeln p und grünen Kringeln q wird genannt (bestimmt) <31, 32>

Schritt 3: Die Gleichung (Zahlensatz) „n=p+q" wird mit Verweisen auf die bei den Kringeln festgestellten Anzahlen aufgestellt <34-36>

Die SPS zu den Schritten lautet:
Schritt 1: Lehrerin
Schritt 2: Lehrerin
Schritt 3: Nennung von „n", „gleich" und „p" erfolgt im Schülerchor mit der Lehrerin; Nennung von q wird von den Schülern allein hervorgebracht.

Dies ist ein Argumentationsformat, mit dem Begründungen für die Richtigkeit der arithmetischen Standardnotation n=p+q für additive Zerlegungen produziert werden können. Die Richtigkeit kann sich auf die arithmetische Wahrheit der *Aussage* „n=p+q" und/oder auf die syntaktische Korrektheit der *Standardnotation* „n=p+q" beziehen: 5=2+1 entspricht zwar der eingeführten Notationsweise ist aber arithmetisch falsch; 5+3=2 wäre richtig, wenn „+" und „=" vertauscht würden.
In den weiteren Aktivitäten, die zu der Produktion der oben genannten Gleichungen führten, übernehmen einige Schüler zunehmend selbstständiger Schritte der ATS. Noch größere Autonomie bei diesem Zerlegungs- und Notationsproblem würden die Schüler erwerben, wenn sie in den nächsten Unterrichtsstunden auch andere Zahlen als die 5 richtig zerlegen und die Zerlegung entsprechend korrekt notieren könnten. In gewisser Weise wäre damit dieses spezielle Argumentationsformat hinsichtlich der erzielbaren Autonomiegrade erschöpft.
Wieweit eine in einem solchen Format entwickelte Argumentation auch überzeugt, für die Schüler Erklärungskraft besitzt, ist an den formalen Strukturen von ATS und SPS eines solchen Bearbeitungsprozesses nicht entscheidbar. Diese Erklärungskraft einer Argumentation für eine Person ist von ihrer jeweiligen Deutungsweise und Deutungskapazität abhängig. Aufschlussreich für dieses Problem ist, dass im weiteren Unterrichtsverlauf zu diesem Beispiel nach der Erstellung von drei weiteren Zahlensätzen einschließlich ihrer argumentativen Herleitung durch Veranschaulichen die Lehrerin und die Schüler Symbole des mathematischen Zahlensatzes keineswegs in gleicher Weise deuten:

| | | |
|---|---|---|
| 50 | L: | jetzt verratet mir doch mal- was dieses- **plus** bedeutet- |
| 51 | | wer kann es... |
| 52 | | sagen\ was bedeutet dieses plus- |
| 53 | | ich habs **immer** mit gezeigt..., Manuela- |
| 54 | Manuela: | dass man immer- ehm- ehm- **zu**rechnet\ |
| 55 | L: | das sind die **fünf** hier- |
| 56 | <L: | und die fünf sind gleich drei grüne plus die zwei-..gelbe-n |
| 57 | <Ss | gelbe |
| 58 | L: | Blättchen oder hier Kreise\ |

Nach unserer Interpretation spricht die Lehrerin hier von dem Plus-Zeichen eher als einem Symbol für den statischen Aspekt der Addition, während die Schülerin in dem Plus-Zeichen eher das Symbol für das Hinzuzählen, also den dynamischen Aspekt der Addition sieht.

Das 2. Beispiel spielt sich wenige Wochen später in derselben Klasse ab. Die Lehrerin zeichnet sechs Kringelchen an die Tafel und schreibt den Ausdruck „6-3=“ darunter (Abbildung 3.2):

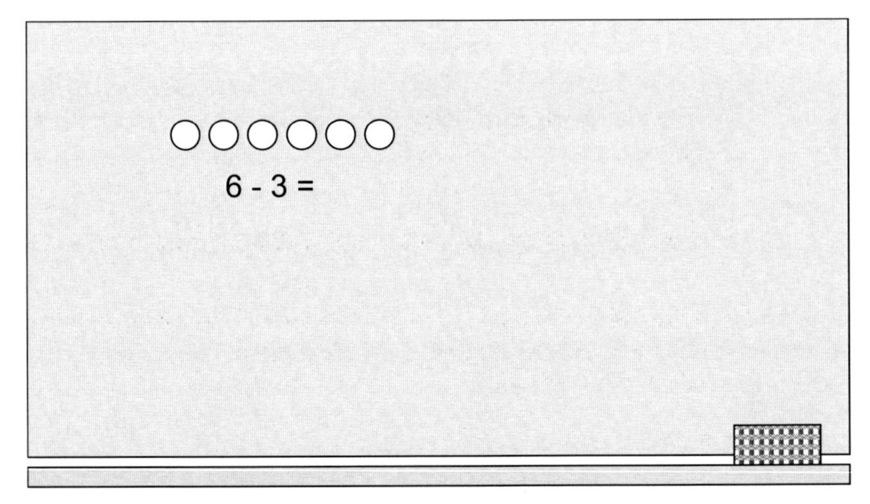


**Abbildung 3.2** Tafelbild 2

| | | |
|---|---|---|
| 8 | <L: | so sechs minus drei und jetzt möcht ich von |
| 9 | <Ss: | minus drei- gleich. |

10 euch gerne, wissen wie ich das oben- zeigen kann\
11 ich kann ja nich drei wegnehmen\ von der Tafel da drüben hab ich
12 drei Hunde oder drei Mädchen oder drei Zwerge- weggenommen und
13 an die Seite gesetzt- das geht da oben nicht\
14 S: abradieren.
15 L: nö, möchte ich auch nicht... wenn ihr in euern Büchern radieren wolltet
16 das sähe ganz hässlich aus- es gibt noch eine andere Möglichkeit\ Serkan\
: : :
37 Christina: durchstreichen.. durchstreichen\
38 L: na los komm *(?) ruft Christina an die Tafel* Christina\
39 Christina: kommt zur Tafel und flüstert der L. etwas ins Ohr
40 L: ja, genauso, drei durchstreichen dann wissen wir
41 *Zieht für Christina die Tafel herunter.*
42 Christina: *Streicht drei Kringel an der Tafel durch.*
43 <L: eins-..zwei-
44 <Ss: zwei-..drei\
45 L: so und nun bleib ma gleich davorne stehn- wenn die drei- durchstreiche
46 und die drei wegnehme so wie ich das- im Zahlensätzchen geschrieben
47 habe- wieviel behalte ich dann übrig/
48 Christina: drei\
49 L: Ja- schreibs ma hin
50 Christina: *Ergänzt den Zahlensatz zu nachstehender Abbildung 3.3.*
51 L: wunderschön so\

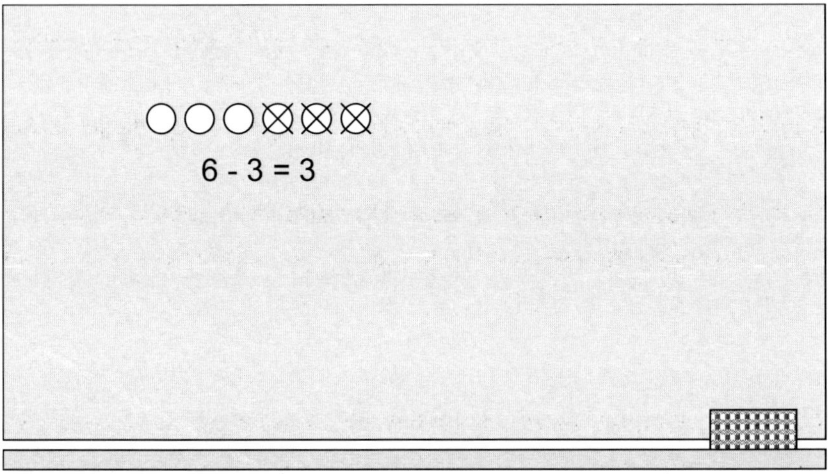

○○○⊗⊗⊗

6 - 3 = 3

**Abbildung 3.3** Tafelbild 3

In dieser Episode kommt wieder die ‚Kringel'-Veranschaulichung aus dem 1. Beispiel zur Sprache. Nur soll diesmal mit ihr nicht eine additive, sondern eine subtraktive Struktur ausgedrückt werden. Entwickelt wird wieder ein Ablaufschema, in dem die Zuordnung von Minuend, Subtrahend und Differenz in der arithmetischen Aussage zu Zeichen der Veranschaulichung fixiert werden. Als die erste Phase eines Argumentationsformats wird man diesen Abschnitt jedoch nicht ansehen wollen. Das Erarbeitungsprozessmuster entsteht bei dem Versuch der Lehrerin, die gewünschte Antwort gleichsam ‚herauszukitzeln'. Mit einer mathematisch sicherlich nicht relevanten Begründung („man soll nicht radieren") wird ein Ratespiel inszeniert, bis die gewünschte Antwort („durchstreichen") fällt. Man kann Zweifel haben, ob die Schüler aus Erfahrungen mit einer derartigen sich musterhaft entfaltenden Interaktion zunehmende Autonomie zur Begründung des Zusammenhangs von Veranschaulichung und arithmetischer Gleichung zur Subtraktion entwickeln.

Mit diesen Bemerkungen schließen wir unsere Ausführungen zu Interaktionsmustern, Prozeduren und Formaten ab. Mit den bis hierhin behandelten drei Dimensionen des Unterrichtsalltags haben wir gezielt auf die Wirkungsweise der Interaktion abgehoben. Wir haben sie als eine Art ‚Instanz' beschrieben, die Unterrichtsprozesse strukturiert und formt. Die

Interaktion hat gleichsam ein Eigenleben. Dies ist freilich keine vollständig befriedigende Sicht auf den Unterrichtsalltag. In den folgenden beiden Kapiteln werden wir diesen Ansatz erweitern und dabei den Blick auf die Schüler richten.

# 4 Die vierte Dimension: Wie können sich Schüler aktiv am Unterricht beteiligen?

Jetzt geht es um die Schüler. Bei der Behandlung von zwei der vorhergehenden Dimensionen, der Rationalisierungspraxis und der Interaktionsmuster, sind sie natürlich auch schon aufgetreten: z. B. als Mitproduzenten einer Argumentation oder als Antwortengeber in dem Erarbeitungsprozessmuster. Hier wollen wir nun detaillierter darauf eingehen, wie sich Schüler in Aufgabenbearbeitungssituationen aktiv beteiligen, wenn diese Situationen sich gemäß einem Argumentationsformat entwickeln. Wir haben schon darauf hingewiesen, dass die im BRUNERschen Formatbegriff vorliegende dyadische Fundierung der Interaktion nicht problemlos auf die für Unterrichtsprozesse charakteristischen polyadischen Strukturen übertragen werden kann. Unter diesen unterrichtlichen Bedingungen ist genauer zu klären, wie sich der Autonomiezuwachs des lernenden Schülers innerhalb eines sich aufbauenden Argumentationsformats beschreiben lässt. Hierbei gilt es dann, zwischen den Formen der tätig-produktiven Beteiligung (durch Sprechakte) und Formen des nicht-tätig-werdenden Dabeiseins (z. B. durch Zuhören) an solchen Prozessen zu unterscheiden. Über die erste Form sprechen wir in diesem Kapitel, die zweite behandeln wir im nächsten Kapitel.

## 4.1 Begriffe des Produktionsdesigns

Der nachfolgend dargestellte Ansatz behandelt zunächst allgemein die Partizipationsformen von Menschen in Interaktionssituationen. Es geht dabei also nicht nur um die Beteiligung von Schülern im Mathematikunterricht. Dennoch werden alle illustrierenden Beispiele aus diesem Unterricht kommen. Die zentrale Idee für eine differenzierte Erfassung der tätigen Beteiligung eines Schülers bei der Mitgestaltung eines unterrichtlichen Interaktionsprozesses liegt darin, seine Verantwortlichkeit für das, was er sagt, genauer zu erfassen. Diese Idee soll zunächst an einem kurzen Beispiel demonstriert werden.[17]

Am Ende einer Schulstunde in einer ersten Klasse darf Julian eine Rechenaufgabe stellen:

5 Julian **drei** / plus **drei** / minus **drei** / . plus . plus fünf \
6 S1 öh - acht
7 Jarek **öööh** \ is doch ööh leicht \

Einige Schüler melden sich. Es herrscht vereinzelt leises Gemurmel.

9 Lehrerin *leise* die Kinder dürfen nur / . flüstern \
10 Julian Polly \
11 Polly *flüstert* acht
12 Robert *sich meldend* Ju m .
13 Julian Wayne \
14 Wayne *flüsternd* acht
*Julian ruft weitere Kinder auf, die ebenfalls flüsternd acht als Lösung nennen.*

Die richtige Lösung wird erstmals von S1 genannt <6>. Wir nehmen an, dass S1 die Aufgabe selbst gerechnet hat und „8" sein originärer Lösungsvorschlag ist. Alle anderen Kinder, die ebenfalls diese (richtige) Lösung

17 Die Ausführungen zum Produktionsdesign basieren zu großen Teilen auf KRUMMHEUER / BRANDT 2001, S. 41-51.

nennen <7 und 8>, können mit Blick auf den Interaktionsverlauf nur Verantwortung dafür reklamieren, eine bereits gegebene Antwort noch einmal zu wiederholen. Inwieweit sie die Lösung zuvor eigenständig errechnet haben, lässt sich nicht feststellen.[18] Auf die Frage „wie bist du darauf gekommen", könnten sie antworten: „S1 hat es gesagt". Auf eine ähnliche Problematik haben wir schon bei unseren Ausführungen zur Szene 1 in der Episode „13 Perlen" hingewiesen.

Die Verantwortung oder Originalität, die man für das, was man sagt, übernimmt, bezieht sich im Wesentlichen auf zwei Komponenten einer Äußerung. Man kann Verantwortung oder Originalität beanspruchen für

- das syntaktische Gebilde mit einer bestimmten Wortwahl und Form (Formulierungsfunktion) und/oder für
- den inhaltsbezogenen (semantischen) Beitrag (Inhaltsfunktion).

Im obigen Beispiel ist das syntaktische Gebilde das Wort „acht" und der inhaltsbezogene Beitrag die Zahl „8", als Lösung der gestellten Aufgabe. In der mathematischen Unterrichtsinteraktion kann der inhaltsbezogene Beitrag zur Bedeutungsaushandlung häufig auch mit einer „Idee" identifiziert werden, die in der Interaktion für die Lösung eines Problems herangezogen wird. Dies betrifft vor allem die uns interessierenden argumentativen Beiträge.

In dem Beispiel haben wir zwei Formen der tätig-produktiven Beteiligung kennen gelernt:

- S1 ist im vollen Umfang (syntaktisch und semantisch) verantwortlich für seine Äußerung: Einen in dieser Verantwortlichkeit Sprechenden nennen wir den „Kreator" bzw. die „Kreatorin" der Äußerung. Mit Kreator meinen wir eine Person, die eine eigene gedankliche Idee in eigenen Worten selbst sprachlich umsetzt.[19]

[18] Eventuell könnte man für Polly als erste Schülerin, die zur Antwort aufgerufen wird, eine Ausnahme machen; aber auch sie könnte sich auf den Zwischenruf verlassen, z. B. wenn ihr die rein rufende S1 als gute Rechnerin bekannt ist

[19] Kreator ist dem lateinischen creare „schaffen", „hervorbringen" entlehnt.

- Pollys und Waynes Äußerungen verstehen wir so, dass sie weder für die syntaktische Form noch für den semantischen Gehalt ihrer Äußerungen eigene Verantwortung oder Originalität beanspruchen können. Sprechende mit diesem Status nennen wir „Imitierer" bzw. „Imitiererin" einer Äußerung.

Wir wollen noch auf die beiden denkbaren Zwischenformen zu sprechen kommen und sie hier zunächst erst einmal der Vollständigkeit halber definieren:

- Übernimmt ein Sprechender (fast) identisch die Formulierungen von Teilen einer vorangegangenen Äußerung und versucht damit eine eigene, neue Idee auszudrücken, dann nennen wir diesen Sprechenden einen „Traduzierer" bzw. eine „Traduziererin". Traduktion ist ein Begriff aus der klassischen Rhetorik und meint die „Wiederholung eines Wortes in veränderlicher Form oder mit anderem Sinn" (DUDEN 1990, S. 786).
- Übernimmt ein Sprechender die Idee einer vorangegangenen Äußerung und versucht diese mit eigenen, neuen Formulierungen auszudrücken, dann nennen wir diesen Sprechenden einen „Paraphrasierer" bzw. eine „Paraphrasiererin". Unter einer Paraphrase versteht man die „Umschreibung eines sprachlichen Ausdrucks mit anderen Wörtern oder Ausdrücken ..." (ebenda, S. 574).

In tabellarischer Form lassen sich diese Zusammenhänge in nachstehender Weise darstellen:

| | Verantwortung für den **Inhalt** einer Äußerung | Verantwortung für die **Formulierung** einer Äußerung |
|---|---|---|
| Kreator | + | + |
| Imitierer | – | – |
| Traduzierer | + | – |
| Paraphrasierer | – | + |

*Ziehen Sie erneut das Beispiel „13 Perlen" heran. In welcher Weise verstehen Sie die Zeilen 112 und 113? Wie lässt sich Jareks Äußerung interpretieren?*

*Welche Rolle übernimmt die Lehrerin? Kreiert sie, traduziert sie, paraphrasiert oder imitiert sie?*

Die letztgenannten Formen tätig-produktiver Beteiligung sollen durch je ein Beispiel illustriert werden. Für den Sprechendenstatus des Traduzierers bzw. der Traduzierin können wir noch einmal das Anfangsbeispiel der „13 Perlen" heranziehen. Es geht hier um die Reaktion der Lehrerin auf Jareks Antwort **sieben minus null** \:

| | | |
|---|---|---|
| 112 | Jarek | sieben minus null \ |
| 113 | L | sieben minus null / |

Die Lehrerin wiederholt mit fragender Intonation Jareks Aussage wörtlich. Jarek versteht seine Äußerung als etwas, was man zu dreizehn hochgehaltenen Perlen sagen kann. Dies wird von der Lehrerin nicht geteilt. Vielmehr ist gerade die Ablehnung der Antwort **sieben minus null** als neuer inhaltlicher Beitrag ihrer Äußerung zu sehen. Sie weist der Wortwahl **sieben minus null** somit eine neue Idee, die des Zweifels oder der Ablehnung, zu und wird von uns als Traduziererin bezeichnet.

Den Status des Paraphrasierers bzw. der Paraphrasiererin wollen wir an folgendem Beispiel, in dem auch auf andere Sprechendenstatus eingegangen wird, erläutern. Es geht hier um die Erstellung einer Argumentation. Deswegen werden wir die Idee der Argumentation mithilfe des Toulmin-Schemas fassen.

Die Kinder sollen zunächst im Rechenspiel „Mister X" eine Zahl zwischen 10 und 20 erraten, die ein Schüler auf der Rückseite der Tafel notiert hat. Zu jedem Zahlenvorschlag wird von diesem Schüler mitgeteilt, ob die zu erratende Zahl größer, kleiner oder gleich ist und dies entsprechend an der Tafel notiert. Nachdem die richtige Zahl - 13 - genannt wurde, entwickelt sich folgende Sequenz:

| | | |
|---|---|---|
| 132.1 | L | weshalb **konnte** es nachher nur die **Dreizehn** *zeigt auf die 13 an der* |
| 132.2 | | *Tafel* sein \ . |
| : | : | : |
| 137 | L | **David** \ |
| 138 | D | weil vierzehn zu groß wa – |

| | | |
|---|---|---|
| 139 | L | so **stopp** \ das is jetzt **ganz** wichtig \ nochma \ |
| 140 | < D | weil vierzehn zu groß wa \ *legt seinen Oberkörper auf den Tisch* + |
| 141 | < L | *zeigt auf die 14* ja \ . + und / *zeigt auf die 12* |
| 142 | D | die . zwölf war zu klein \ |

Wir wollen uns diese Szene etwas genauer anschauen und zunächst auf die Argumentation eingehen. Anfänglich stellt die Lehrerin fest, dass es nur die 13 sein konnte <132.1, 131.2>. Die 13 wurde zuvor sowohl von der Lehrerin als auch von den Kindern als Lösungszahl akzeptiert, somit scheint hier eigentlich kein Argumentationsbedarf zu bestehen. Dennoch eröffnet die Lehrerin mit ihrer Frage warum eine Begründungssequenz, welche die 13 als eindeutige Lösung rechtfertigen soll.
In unserem Beispiel ist eine Begründung für die Aussage „Die Zahl 13 konnte nur noch die Lösung sein" gefragt. Diese Aussage erscheint somit als Konklusion der Argumentation. Mit „warum" werden hier Daten eingefordert, die die Lehrerin in Davids Äußerungen erkennt <138, 140, 141>. 12 und 14 stehen als „zu groß" bzw. „zu klein" an der Tafel; auf sie kann als unbezweifelte Tatsache verwiesen werden (Abbildung 4.1).

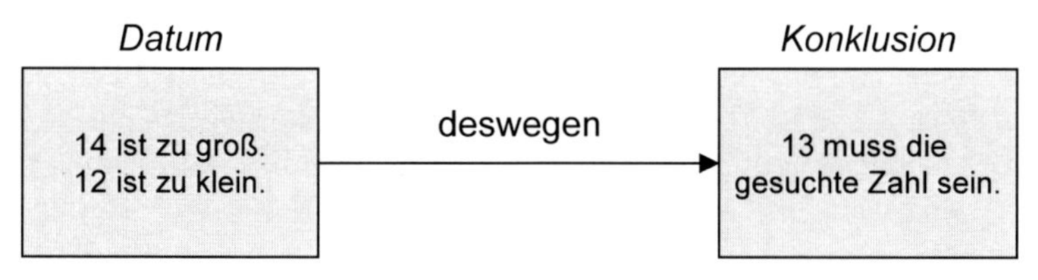


**Abbildung 4.1** Eindeutigkeit der Lösungszahl 13

Betrachten wir nun die Formen der Beteiligung an der Interaktion. Die Lehrerin eröffnet die Argumentation durch die Nennung der noch zu begründenden Konklusion. Davids Aussage weil vierzehn zu groß wa- <138> wird als erste Antwort akzeptiert. Er formuliert die Aussage als Begründung und bringt hier eigenverantwortlich ein Datum ein. Somit übernimmt er Verantwortung hinsichtlich der Formulierungs- und Inhaltsfunktionen für die Äußerung. Er fungiert als Kreator. Er wiederholt dieses Datum <140> nach Aufforderung der Lehrerin <139>. In dieser Wiederholung fungiert er als Imitierer, wobei die Verantwortlichkeit für die Wortwahl in seiner ersten Aussage zu sehen ist; er ‚imitiert' sich gleichsam selbst. Die Lehrerin begleitet ihn gestisch <141> und überträgt damit

die Aussage in eine andere Form. Sie unterstützt Davids Idee als Paraphrasiererin. Die Lehrerin fordert ein weiteres Datum mit **und** ein <141>. Das zweite Datum, **die . zwölf war zu klein** <142>, wird von David erst genannt, nachdem die Lehrerin an der Tafel auf die 12 gezeigt hat <141>, die dort als „zu klein" festgehalten ist. Somit bringt die *Lehrerin* die Idee dieses zweiten Datums in den Argumentationsprozess ein. David fasst die Geste, die die Idee eines Datums enthält, in Worte. Er bringt somit als Paraphrasierer die Idee in einer neuen Wortwahl ein.
Für die Hervorbringung der wegen der Nennung zweier Daten relativ komplexen Argumentation wird David von der Lehrerin in einen Interaktionsprozess eingebunden, in dem er sowohl als Kreator als auch als Paraphrasierer auftritt. Ganz im Sinne des BRUNERschen Format-Ansatzes könnte man mutmaßen, dass David das Datum der unteren Schranke, die Zahl 12, nicht ohne diese Einbindung in den Interaktionsprozess mit der Lehrerin erzeugt hätte. Es ist nicht zu rekonstruieren, inwieweit David die *logische* Notwendigkeit der von der Lehrerin durch „und" vorgenommenen Verknüpfung der beiden Daten und somit den Garanten erfasst. Im Status eines Paraphrasierers agiert David dabei in einer von uns als relativ elaboriert eingeschätzten Form der Autonomie. Eine weniger elaboriertere Form hätten wir darin gesehen, wenn er als Imitierer eine im Wesentlichen schon von der Lehrerin vorformulierte Antwort reproduziert hätte. Dies geschieht hier aber nicht.

Soviel zu dieser Szene. Allgemein wollen wir festhalten, dass es mit derartigen Partizipationsanalysen zum Produktionsdesign möglich wird, die Grade von Autonomie im Rahmen eines Formats, das aus *polyadischer* Interaktion erwächst, zu beschreiben. Schüler im paraphrasierenden und/oder traduzierenden Status werden als Lernende beschreibbar, die sich bereits auf den Weg zu mehr Handlungsautonomie in Argumentationsformaten gemacht haben. BRANDT 2002 charakterisiert dabei den/die Paraphrasier/in als eine Position, die noch eher an einem Sicherheitsbedürfnis nach den „Wiederfinden von Bekanntem" orientiert ist. Der/die Traduziererin wird von ihr dagegen als eine Position bezeichnet, in der der Lernende ein deutlicheres Autonomiebestreben zeigt und sich durch ein „Suchen nach Neuem" auszeichnet (S. 199 f).
Außerdem sei angemerkt, dass mit Ausnahme des Kreators zu den Sprechendenstatus wenigstens zwei Äußerungen gehören, die gewöhnlich auch von zwei verschiedenen Personen stammen (siehe aber Davids Wiederho-

lung des Datums **14 ist zu groß**). Es gibt immer vorangehende Äußerungen, auf die sich der Sprechende als Paraphrasier, Traduzierer oder Imitierer bezieht. Das interaktive Zusammenspiel dieser Sprechenden zur Produktion einer Äußerung bezeichnen wir als „Produktionsdesign".

## 4.2 Die Partizipationsanalyse Methode zur Analyse des Produktionsdesigns

Die verschiedenen Sprechendenstatus sind für uns vor allem interessant, wenn wir sie mit einer formatierten Rationalisierungspraxis zusammen bringen können. Die Ergebnisse der Argumentationsanalyse und der Analyse zum Produktionsdesign lassen sich in einer Tabelle darstellen. Im Falle der genannten Szene entsteht dabei die folgende Partizipationstabelle (Tabelle 4.1) (siehe auch KRUMMHEUER / BRANDT 2001, S. 48):

<table>
<tr><th>Sprechender: Funktion</th><th>Äußerung</th><th rowspan="2">Idee (argumentative Funktion der Äußerung)</th></tr>
<tr><th colspan="2">Bezugnahme auf einen vorangehenden Sprecher</th></tr>
<tr><td>Lehrerin: Kreatorin</td><td>warum konnte es nachher nur die dreizehn sein</td><td>Eindeutigkeit der Lösungszahl 13. (Konklusion)</td></tr>
<tr><td>David: Kreator</td><td>weil vierzehn zu groß wa –</td><td rowspan="3">14 war zu groß. (Datum)</td></tr>
<tr><td>David: Imitierer</td><td>weil vierzehn zu groß wa \</td></tr>
<tr><td colspan="2">David</td></tr>
<tr><td>Lehrerin: Paraphrasiererin</td><td>zeigt auf die 14 ja \</td><td rowspan="2">14 war zu groß. (Datum)</td></tr>
<tr><td colspan="2">David</td></tr>
</table>

| Sprechender: Funktion | Äußerung | Idee (argumentative Funktion der Äußerung) |
| --- | --- | --- |
| *Bezugnahme auf einen vorangehenden Sprecher* | | |
| Lehrerin: Kreatorin | und | Verknüpfung mit noch zu erstellendem zweiten Datum |
| Lehrerin: Kreatorin | *zeigt auf die 12* | 12 war zu klein. (Datum) |
| David: Paraphrasierer | die . zwölf war zu klein | 12 war zu klein. (Datum) |
| | *Lehrerin* | |

**Tabelle 4.1** Partizipationsanalyse ‚Mister X'

Dieses Analyselayout lässt sich folgendermaßen interpretieren: Die Argumentation wird von der Lehrerin eingeleitet, indem sie im Status einer *Kreatorin* die *Konklusion* des noch zu entfaltenden Arguments vorgibt. David bringt ebenfalls im Status eines *Kreators* das *Datum* der oberen Schranke (14) ein. Der so entstandene Schluss ist jedoch unvollständig, da noch die Angabe der unteren Schranke (12) fehlt. Die Hervorbringung dieses zweiten *Datums* durch David wird initiiert durch gestische Handlungen der Lehrerin. Er fungiert dabei in der Rolle des *Paraphrasierers.*

*Ein Angebot zum Üben: Nehmen Sie sich noch einmal das Beispiel „13 Perlen“, und zwar die Zeilen 123-125 vor. Die Interaktionsanalyse ist bereits aus dem ersten Kapitel bekannt. Versuchen Sie nun, eine Argumentationsanalyse durch zu führen. Legen Sie außerdem eine Partizipationstabelle an.*

| | |
| --- | --- |
| Jarek <123-125> | *zählt an seiner Kette ab und hält sie dabei hoch* eins, zwei, drei, vier, fünf, sechs, sieben *Perlenkette:* •••••••. minus null *lässt das abgezählte Ende fallen:* •••○○○○○○○○○○ ist dreizehn \ |

Wir verstehen Jareks Argumentation so, dass er von der Gesamtzahl der 20 Kugeln an der Rechenkette ausgehend zunächst sieben und dann null abzählt. In der Interaktionsanalyse wurde darauf hingewiesen, dass es sich hierbei bereits um eine an das von der Lehrerin vorgegebene Argumentationsmittel Rechenkette angepasste Version seiner eigentlichen Lösungsgenerierung handeln könnte. In dem TOULMINschen Layout entstünde somit folgendes Bild (Abbildung 4.2).

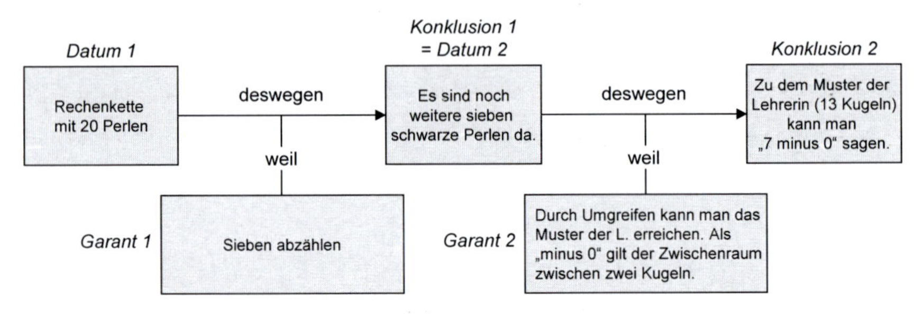


**Abbildung 4.2** „7 minus 0 = 13"

Jarek bietet nun als Rechtfertigung seiner Lösung, wie oben ausgeführt, eine Argumentation, die in Tiefe und Breite ausgebaut ist und dabei auf einen eigenständigen Umgang mit der Perlenkette Bezug nimmt. Die Benutzung der Rechenkette war durch die Lehrerin vorgegeben. Jedoch beruht das von ihr initiierte Argumentationsmuster auf einem speziellen Umgang mit der Rechenkette, der als Garant in die Gegenargumentation eingeht. Diesem Muster folgt Jarek nur ansatzweise: Er zählt vom anderen (linken) Ende der Rechenkette ab. Damit überführt er das Abzählen schon in eine eigene, neue Idee (Traduzierer, Garant 1). Durch seinen eigenständigen Umgang mit der Rechenkette beim Fallenlassen der so abgezählten sieben Perlen bringt er den Garanten 2 als Kreator hervor. Somit sichert er die von ihm am Anfang aufgestellte Konklusion „7 minus 0 gleich 13" mit einer Argumentation, für deren einzelne Elemente er in folgender Weise verantwortlich ist:

| Sprechender und Funktion | **Äußerung** | Idee (argumentative Funktion der Äußerung) |
|---|---|---|
| | *Bezugnahme auf einen vorangehenden Sprecher* | |
| Jarek: Traduzierer | *zählt an seiner Kette ab und hält sie dabei hoch* eins, zwei, drei, vier, fünf, sechs, sieben | Vorzählen. (Garant 1) |
| | *Lehrerin* | |
| Jarek: Kreator | *Perlenkette:* •••••••. minus null *lässt das abgezählte Ende fallen:* •••○○○○○○○○○○ | Vorführen. (Garant 2) |

**Tabelle 4.2** Partizipationsanalyse „7 minus 0“

Dieses Analyseschema lässt sich zusammenfassend wie folgt interpretieren und damit unser Interesse an Autonomieformen in Argumentationsmustern hervorheben: Der Versuch der Lehrerin, Jarek durch die Startvorgabe als Paraphrasierer in ein Argumentationsformat einzubinden, das die Rechenkette gerade als Rationalisierungsmittel für Aufgaben mit natürlichen Zahlen nutzbar macht, scheitert. Jarek standen hier im von der Lehrerin erhofften Status des Paraphrasierers offensichtlich (unerwartet) zu viele Freiräume offen, um durch die Initiation eine reibungslose Abwicklung dieses Argumentationsformates durchsetzen. Jarek traduziert die Vorgaben der Lehrerin und bringt so eigenverantwortlich wesentliche Teile der Argumentation als Kreator hervor. Eine musterhafte Ausweitung dieser Argumentation würde eine Interpretation der Rechenkette beinhalten, die nicht auf das Rechnen mit natürlichen Zahlen verweist.

## 4.2 Das Produktionsdesign in Schülergruppenarbeit

An einem etwas längeren Beispiel aus der Tischarbeit einer Grundschulklasse sollen die entwickelten Begriffe angewendet werden. Zugleich soll durch die Hinwendung zu einem Gruppenarbeitsprozess zwischen Schülern der Blick von lehrergelenkten Unterrichtsphasen abgewendet werden.

Hierdurch können wir das dem Formatbegriff innewohnende asymmetrische Verhältnis zwischen kompetenten und weniger kompetenten Interaktionspartnern genauer analysieren.[20]
Am Tisch sitzen Patrick, Valeska (beide 1. Jg.), Sabrina, Aja und Esther (3. Jg.) aus einer jahrgangsgemischten Grundschulklasse. Die Kinder bearbeiten Rechenaufgaben, jeweils im eigenen Heft bzw. auf dem eigenen Arbeitsbogen. Die Aufgaben für den ersten Jahrgang stehen an der Tafel und beziehen sich auf die Addition und Subtraktion bis 20. Die Kinder aus dem 3. Jahrgang berechnen Aufgaben im Tausenderraum, die bis zu zwei Rechenoperationen enthalten. Als Möglichkeit zur Selbstkontrolle sind die Aufgabenfelder auf dem Arbeitsbogen den Ergebnissen entsprechend auszumalen. Die Kinder aus dem 3. Jahrgang rechnen einige Aufgaben gemeinsam und vergleichen die Ergebnisse. Sabrina hilft Patrick gelegentlich. So ist insbesondere Sabrina immer wieder in verschiedene Bearbeitungsprozesse eingebunden. Unmittelbar vor der vorzustellenden Szene hat sie z. B. Patrick geholfen und dabei eine Aufgabe verwechselt.
Sabrina wendet sich gerade wieder einer eigenen Aufgaben zu, als Aja beginnt, die Aufgabe 100:10-3 laut zu rechnen. Der Bearbeitungsprozess zu dieser Aufgabe soll hier argumentations- und partizipationstheoretisch näher untersucht werden. Im folgenden Transkriptausschnitt sind Äußerungen, die sich eindeutig auf andere Handlungsstränge beziehen, wie z. B. den Lösungsversuchen der beiden am Tisch anwesenden Erstklässlern, nicht wiedergegeben.

| | | |
|---|---|---|
| 19 | < Aja | sieben \ nein \ .. siebenundneunzig \ |
| 20 | < Aja | hundert geteilt durch zehn minus drei gleich siebenundneunzig\ |
| 20.1 | < Patrick | *haut mit dem Stift auf dem Tisch vor sich hin, schaut zur Tafel* |
| 21 | Sabrina | w a s d e n n \ |
| 22 | Aja | aber hier **gibts** keine Siebenundneunzig \ |
| 23 | Patrick | *zur Tischmitte gewand, laut* hähä \ *schaut wieder zur Tafel* |
| 25 | < Aja | de hundert geteilt durch zehn gleich drei ä minus drei \ |
| 26 | < Esther | minus drei \ |
| 27 | Aja | gleich siebenundneunzig |
| 28 | Sabrina | ö das geht hier gar nicht \ ... oder / .. doch - doch geht \ |

20 Die Analyse basiert auf KRUMMHEUER / BRANDT 2002, S. 119-133.

| | | |
|---|---|---|
| 29 | | .. das sind . das sind . das sind **zehn** |
| 30 | Aja | hä / warte mal *nimmt ihr Blatt und steht vom Tisch auf und geht zur Lehrerin* |
| 30.2 | < Esther | *schaut zu Sabrina* *leise* pf<br>*malt auf ihrem Arbeitsblatt* |
| 31 | < Sabrina | warte - warte - ich rechne nach \ drei zurück / zehn geteilt |
| 32 | | durch zehn sind **eins** \ . ne Null hinten dran \ sind . äm . zehn \ ja \ sind **sieben** \ *fängt an zu malen* |
| 33 | > Sabrina | *schaut auf* Esther \ *malt weiter* Esther - ich hab die Aufgabe **gelöst** \ |
| 33.1 | > Esther | *schaut zu Sabrina* |
| 33.2 | Sabrina | da kommt sie - sieben raus \ |
| 35 | Esther | hä / |
| 36 | Sabrina | *malend* hundert geteilt durch zehn sin - sind **zehn** \ *schaut zu Esther* |
| 37 | Esther | (ja toll) ja stimmt (*unverständlich*) |
| 38 | Sabrina | *zu Esther nickend* ja \ |
| 39 | Esther | (okay -) sind sieben \ |
| 40 | Sabrina | Aja \ Aja \ |
| 42 | *Aja steht noch hinter der Lehrerin, die mit einem anderem Kind beschäftigt* | |
| 43 | *ist. Auf Sabrinas Rufen dreht sie sich um und kommt zum Tisch zurück.* | |
| 45 | Sabrina | *hält Aja ihren Hefter entgegen, legt ihn wieder ab zeigt darauf* **sieben** \ |
| 46 | | *zu Aja* **sieben** kommt da raus \ |
| 47 | < Aja | *steht an ihrem Platz* häh / (warum) / |
| 48 | < Esther | kumma - hundert - *beugt sich zu Aja* |
| 49 | < Sabrina | ja \ hundert geteilt durch zehn sind zehn - minus drei sind sieben |
| 50 | Aja | *kniet auf ihrem Stuhl* das ist acht \ |
| 51 | Esther | hä / |
| 52 | Sabrina | du musst ja **drei** abziehen *hält ihr drei Finger entgegen* **nicht zwei** \ |
| 53 | L | s c h - |
| 54 | Sabrina | *leise* kannst nicht rechnen oder wie \ |
| 55 | Aja | hä / |
| 56 | Sabrina | kannst du nicht **rechnen** / |
| 57 | Esther | in der Hundert da ist die Zehn **zehn mal** drin \ und jetzt ziehst |

| | | |
|---|---|---|
| 58 | | du von der Zehn **drei ab** / machen **sieben** \ |
| 59 | Sabrina | *erhebt sich und beugt sich zu Aja; zeigt ihr die Stelle auf dem AB* |
| 60 | | du brauchst nur die - diese Null hier hinten **wegdenken** \ |
| 61 | < Sabrina | zehn geteilt durch zehn sind - |
| 62 | < Esther | na also \ (das) stimmt \ *wendet sich wieder ihrem Blatt zu* |
| 63 | Sabrina | ä . eins \ |
| 64 | < Aja | stimmt \ schon wieder Esther / |
| 65 | < Sabrina | minus drei (eigentlich) \ |

*Versuchen Sie, eine ausführliche Interaktionsanalyse zu dieser Episode durch zu führen. Zum Vergleich können Sie* KRUMMHEUER / BRANDT *2001, S. 120-123 hinzuziehen.*

Die Aufgabenbearbeitung kann in folgende Abschnitte unterteilt werden:

<19-28> Es werden Schwierigkeiten mit der Aufgabe 100:10-3 festgehalten.

<28-32> Sabrina löst die Aufgabe im Selbstgespräch.

<33-39> Sabrina und Esther einigen sich über den Lösungsprozess.

<40-65> Sabrina und Esther erklären Aja die Aufgabe.

Als Zusammenfassung der Interaktionsanalyse ergibt sich Folgendes: Aja verwirft für die Aufgabe 100:10-3 die anfangs von ihr richtig genannte Lösung **sieben** <19>[21] und stellt fest, dass die nun von ihr favorisierte Lösung **siebenundneuzig** nicht auf dem Arbeitsbogen vorgesehen ist <19-22>. Sowohl Sabrina (ab <21>) als auch Esther (ab <22.1>) wenden sich Aja zu. Zunächst befindet auch Sabrina **ö das geht hier gar nicht ** ... <28>, kommt dann aber ins Zweifeln **oder / .. doch - doch geht ** ... <28> und schlägt nun scheinbar eine weitere Lösung vor **das sind . das sind . das sind zehn** <28-29>.

21 Eventuell hat sie zunächst nur die zweite Rechenoperation 10-3 durchgeführt und so ‚zufällig' die richtige Lösung erhalten.

Zehn könnte zunächst das Zwischenergebnis 100:10 betreffen, jedoch lässt die durch die Wiederholung ausgedrückte Bestimmtheit eher die Formulierung eines Endergebnisses vermuten. So scheint zumindest Aja diese Aussage zu interpretieren: Sie kommentiert diesen weiteren, nicht auf dem Arbeitsbogen vorgesehenen Lösungsvorschlag mit hä / und verlässt schließlich den Tisch. Sabrina kann Aja nicht zurückhalten warte - warte - ich rechne nach \ <31>, und rechnet in einem lauten Selbstgespräch drei zurück / zehn geteilt durch zehn sind **eins** \ . ne Null hinten dran \ sind . äm . zehn \ ja \ sind **sieben** \ *fängt an zu malen* <31-32>. Sie steigt mit drei zurück ein, damit könnte sie die Zehn in <29> tatsächlich als Zwischenergebnis gesehen haben. Dann beginnt sie nochmals mit der Division, die sie auf 10:10=1 zurückführt. Sie 'kürzt' nur den Dividenden, 'erweitert' dafür aber anschließend das Ergebnis entsprechend. Die abschließende Subtraktion drei zurück <31> führt sie im Kopf aus. Somit scheint sich Sabrina in <31> vor allem auf den (vermutlich von Aja übersprungenen) Rechenschritt 100:10 zu konzentrieren. Sabrina spricht Esther als Gesprächspartnerin an und teilt ihr das inzwischen von ihr ermittelte Ergebnis mit Esther \ Esther - ich hab die Aufgabe **gelöst** \ da kommt sie- sieben raus \ <33-33.2>. Esther wendet sich Sabrina wieder zu und diese rechnet den ersten Rechenschritt nochmals vor *immer noch malend* hundert geteilt durch zehn sin- sind **zehn** \ *schaut zu Esther*. Esther geht begeistert darauf ein und scheint Sabrina zu verstehen. Eventuell ergänzt Esther in der nicht rekonstruierbaren Äußerung von <37> den noch fehlenden Rechenschritt. Denn in <39> haben sich Esther und Sabrina schließlich explizit auf die Sieben als Lösungszahl geeinigt. Sabrina ruft nun mit Nachdruck Aja zurück an den Tisch und teilt ihr das inzwischen auch von Esther geteilte Ergebnis sieben \ *zu Aja* **sieben** kommt da raus \ <45-46> mit.

Auf Ajas Einwand häh / (warum) / <47> reagieren Esther und Sabrina zeitgleich mit einem Erklärungsansatz. Esther leitet ihre Erklärung zunächst mit einer Einleitungsfloskel ein und unterbricht ihre Ausführungen dann mit schwebender Stimme kumma - hundert - *beugt sich zu Aja* <48 >. Eventuell bemerkt sie, dass Sabrina mit ihren Ausführungen ‚schneller' ist. Diese artikuliert die Rechnung hier erstmals vollständig ja \ hundert geteilt durch zehn sind zehn - minus drei sind sieben <49>. Durch die schwebende Stimmlage zehn - wird die Aufgabe in zwei Rechenschritte zerlegt. Aja setzt jedoch ein anderes Ergebnis entge-

gen **das ist acht ** <50>. Diese Lösung könnte einerseits auf einem Fehler im zweiten Teil der Aufgabe beruhen, sie könnte diese (falsche) Lösung aber auch am anderen Tisch bei einem Kind abgelesen haben. Esther äußert darauf wohl ihrerseits Unverständnis **häh /** <51>.
Sabrina wertet dieses neue Ergebnis als Fehler im letzten Rechenschritt (10-3), geht also wohl davon aus, dass Aja zumindest die Zweiteilung der Aufgabe verstanden hat: **du musst ja drei abziehen** *hält ihr drei Finger entgegen* **nicht zwei ** <52>. Da sie hier die Finger zu Hilfe nimmt, könnte sie auch ein akustisches Verständnisproblem zugrunde legen, das durch optische Zeichen gelöst werden kann. Allerdings unterstellt sie Aja durchaus auch mangelnde Rechenfähigkeit **kannst nicht rechnen oder wie ** <54>. Immerhin ließe sich Ajas Lösung aus mathematikdidaktischer Sicht **das ist acht ** <50> als Anwendung einer falschen Zählstrategie interpretieren (Mitzählen des Minuenden). So könnten die drei hochgehaltenen Finger auch auf das konkrete Rechnen mit den Fingern hinweisen (Rückwärtszählen mit Kontrolle der Zählschritte), wobei Sabrina hier natürlich nicht auf die vermeintliche Fehlerquelle eingeht.
Ajas weiterhin geäußertes Unverständnis **häh /** <55> wird offenbar von Sabrina und Esther unterschiedlich gedeutet. Sabrina wiederholt ihren generellen Zweifel an Ajas Fähigkeiten **kannst du nicht rechnen /** <56> und trägt zunächst nichts zur weiteren Klärung der Aufgabe bei. Hingegen sieht Esther das Problem hier wohl eher in der Bearbeitung der konkreten Aufgabe und reagiert mit einer weitergehenden Erklärung der Aufgabe. Sie unterbreitet mit **in der Hundert da ist die Zehn zehn mal drin** <57> offensichtlich ihre Interpretation von ‚Geteiltaufgaben' (wie oft etwas ‚drin ist'), mit der sie die Zehn als Zwischenergebnis nennt. Somit scheint sie hier zunächst an dem Problem der Subtraktion und dem falschen Ergebnis das ist acht <50> nicht einzugehen. Allerdings formuliert sie den zweiten Teil als Aufgabe *für Aja* (**ziehst Du**) und betont dabei **drei** und **sieben**. So könnte sie hier doch die Auseinandersetzung mit dem problematischen Abschnitt in die Bearbeitung der gesamten Aufgabe einbinden. Nun geht jedoch auch Sabrina nochmals näher auf den ersten Teilschritt ein *erhebt sich und beugt sich zu Aja, um ihr die Stelle auf dem AB zu zeigen* **du brauchst nur die- diese Null hier hinten wegdenken \ zehn geteilt durch zehn sind –** <59-60>. Sie greift dabei auf ihre schon in <31-32> benutzte Praktik zur Behandlung der Nullen zurück, die dort noch nicht ‚öffentlich' war und

bietet so eine alternative Deutung zu 100:10. Der Konflikt, ob sieben oder acht die Lösung des zweiten Teilschrittes ist, wird also nicht wieder aufgegriffen. Esther stimmt dieser Rechnung offenbar schon nach dem „Wegdenken" der Nullen zu, interpretiert Sabrinas Rechnung damit wohl eher als das übliche Kürzen der Nullen bei der Division durch Zehnerpotenzen.
Damit sind für Esther anscheinend alle Probleme geklärt und sie wendet sich wieder ihrer Aufgabe zu. Sabrina trägt ihren Rechenweg weiter vor ä . eins \ <63>, jedoch stimmt auch Aja wohl eher dem Ergebnis Sieben zu, das nun wiederholt auftritt und schließt sich so Esther an: Es liegt ein Ergebnis vor, die Aufgabe ist für diese beiden Mädchen eingehend geklärt. Sabrina setzt ihre Rechnung zwar scheinbar leicht irritiert fort. Ihr alternativer Rechenweg, durch Streichen der Null nur im Dividenden die Aufgabe 100:10 auf 10:10 zurückzuführen wird aber nicht weiter beachtet, obwohl an dieser Stelle die notwendige Erweiterung des Ergebnisses ausbleibt. Somit bleibt hier eine fehlerhafte Rechnung im Raum stehen.

*Wollen Sie auf der Basis der Zusammenfassung die Argumentations- und Partizipationsanalyse zum Produktionsdesign erst einmal allein durchführen? Wir können Sie hierzu nur ermuntern. Diese Analysen sind bezogen auf das vorliegende Buch die komplexesten, die wir behandeln.*

Auf der Basis der obigen Zusammenfassung werden im Folgenden Argumentations- und Partizipationsanalyse durchgeführt. In diesem Bearbeitungsprozess wird der ursprünglichen Behauptung, dass die Aufgabe nicht gehe (<19-22,28>) in einer Gegenargumentation entgegengestellt, dass die Aufgabe doch gehe (<28> sowie der nachfolgende Lösungsprozess). Dabei stellt Sabrina zunächst die Gegenbehauptung auf und gibt eine alternative Lösung an. Sie einigt sich dann mit Esther auf die Lösung <33-39>. Hier erhält die Gegenbehauptung ihre erste kollektive Absicherung. Aja hinterfragt sowohl die Lösung als auch die Rechnung nochmals (<40,47,50,55>), sodass die Argumentation der Gegenbehauptung noch weiter entfaltet wird. Es lassen sich folgende Argumentationsstränge rekonstruieren:

1. Die Aufgabe geht nicht <19-22>
2. Die Aufgabe geht doch <28-64>
   a) Die Aufgabe hat eine vorgesehene Lösung und kann durch Zerlegung gelöst werden <28,30-37,39,49,57>
   b) Die Einzelschritte sind korrekt.

Wir wollen hier nur auf den zweiten Punkt ausführlicher eingehen.

Im Zusammenhang mit 2a) „Die Aufgabe hat eine vorgesehene Lösung und kann durch Zerlegung gelöst werden" stellt Sabrina mit **oder / .. doch - doch geht \ ..** <28> die Gegenbehauptung auf, nennt aber zunächst nur die nicht geeignete Zahl **zehn**. In ihrer Rechnung <31,32> kommt sie dann auf ein Ergebnis, das tatsächlich vorgesehen ist. Man kann der Lösung eine Farbe zuordnen (Sabrina malt aus <32>). An Esther gerichtet nennt sie die Lösung „sieben" als Datum <33.2>, die Aufgabe ist damit gelöst <33>, sie geht also doch (Konklusion) (Abbildung 4.3).

**Abbildung 4.3** „Die Aufgabe geht doch"

Von Sabrina geht anschließend eine weitere Argumentation aus, die eine rechnerische Herleitung des Ergebnisses beinhaltet. Sie nennt zunächst das von ihr errechnete Ergebnis (Konklusion) <33.2> und führt Esther mit 100:10 die erste Teilrechnung vor <36>, die von Esther sofort begeistert akzeptiert wird (Datum) <37>. Esther kommt von der Lösung dieses ersten Teilschrittes aus zum richtigen Endergebnis <39>, auch wenn sie sich abschließend Sabrinas Bestätigung einholt <47-49>. Somit stimmt Esther zumindest zunächst zu, dass vom Teilergebnis aus weiter gerechnet werden kann. Die Möglichkeit der Zerlegung der Aufgabe in Teilschritte (Garant) ist damit implizit in der Ausführung der Rechnung enthalten, wird jedoch erst in der anschließenden Erklärung für Aja von Esther durch **und jetzt** <57> für den Übergang zum nächsten Teilschritt explizit ausgedrückt. Der Zahlenfakt 10-3=7 wird dabei nicht explizit als Datum erwähnt, als Aja hier offensichtlich einen Fehler macht. Als TOULMIN-Layout ergibt sich (Abbildung 4.4):

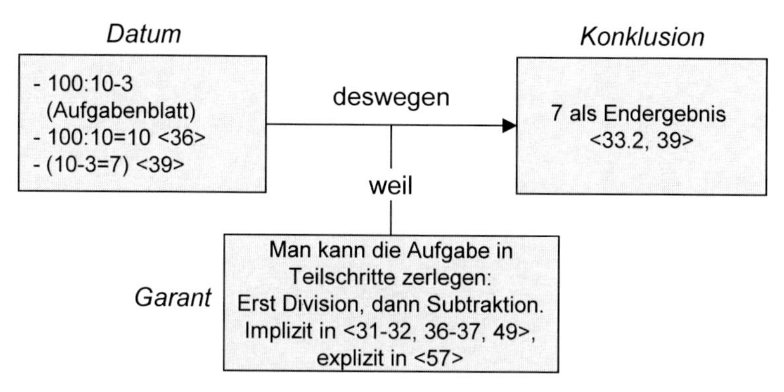


**Abbildung 4.4** „Die Aufgabe hat eine vorgesehene Lösung und muss zerlegt werden"

Wir kommen nun zur Partizipationsanalyse dieser Argumentationssequenz. Sabrina errechnete zuvor in einem Selbstgespräch für sich allein das Ergebnis <31,32>. Sie kann somit in den nachfolgenden Äußerungen Esther - ich hab die Aufgabe **gelöst** \ da kommt sie - sieben raus \ hundert geteilt durch zehn sin - sind **zehn** \ <33.2, 36> auf die schon in diesem Selbstgespräch von ihr entwickelten Ideen als Paraphrasiererin bzw. Imitiererin zurückgreifen. Sie handelt hier also autonom. Sabrina führt nun Esther die erste Teilrechnung vor, und Esther erfasst darin offensichtlich die Idee der Zerlegung (ja toll) ja stimmt <37>. Sie führt vermutlich (leider unverständlich) die noch fehlende Subtraktion als Teilschritt aus und bestätigt so das Endergebnis (okay -) sind sieben. Legt man dem Produktionsdesign das von Sabrina geführte Selbstgespräch zugrunde, so wird dort die Subtraktion als Teilschritt ausgeführt und mit drei zurück <31> sogar explizit erwähnt und abgesichert. Damit ergibt sich folgende Partizipationstabelle:

| Sprechender und Funktion | **Äußerung** | Idee (argumentative Funktion der Äußerung) |
|---|---|---|
| *Bezugnahme auf einen vorangehenden Sprecher* | | |
| Sabrina:<br>Kreatorin | .. doch – doch geht \ ..<28> | Die Aufgabe geht doch. (Konklusion in Abb. 4.3) |
| | das sind . das sind . das sind **zehn** warte – warte - ich rechne nach \ <28,29,31> | Die Aufgabe kann zerlegt gerechnet werden. (Garant in Abb. 4.4)<br>(Division und Subtraktion werden nacheinander ausführt) |
| Sabrina:<br>Kreatorin | ja \ sind **sieben** \ <32> | 7 als Endergebnis. (Konklusion in Abb. 4.4; Datum in Abb. 4.3) |
| Esther:<br>Paraphrasiererin | (ja toll) ja stimmt <37><br>*Sabrina* | Die Aufgabe geht. (Konklusion in Abb. 4.3) |
| Esther:<br>Imitiererin | *(unverständlich)* (okay –) sind sieben <39><br>*Sabrina* | Zerlegung in Teilaufgaben: Ausführen der Subtraktion. (Garant in Abb. 4.4)<br>Sieben als Endergebnis. (Datum in Abb. 4.3) |

**Tabelle 4.3** Partizipationsanalyse zu ‚Die Aufgabe hat eine vorgesehene Lösung...'

In der Argumentation „Die Einzelschritte sind korrekt“ (2b) werden die Teilschritte genauer begründet. Zunächst geht es um den ersten Teilschritt 100:10 (Datum) und die Zwischenlösung 10 (Konklusion). Über die Zwischenlösung besteht Einvernehmen. Es werden allerdings konkurrierende Garanten genannt:

- Esther argumentiert mit der eher bildhaften Vorstellung ‚ist drin' für Divisionsaufgaben (Garant i)

- Sabrina widerspricht dieser Vorstellung zwar nicht, argumentiert aber eher algebraisch (wenn auch als ‚Rezept') über das Kürzen des Dividenden und anschließendes Erweitern des Ergebnisses (Garant ii).

Obwohl hier konkurrierende Garanten vorliegen, findet eine Stützung der beiden Garanten nicht statt. Dabei kann wohl für den Garanten i auf eines der Grundverständnisse der Division verwiesen werden (enthalten sein), sodass für Drittklässlerinnen wohl auch kein Klärungsbedarf mehr besteht. Hingegen bleibt die Zulässigkeit des Garanten ii hier allein an den Umstand geknüpft, dass damit das richtige Ergebnis erzielt wird (Abbildung 4.5).

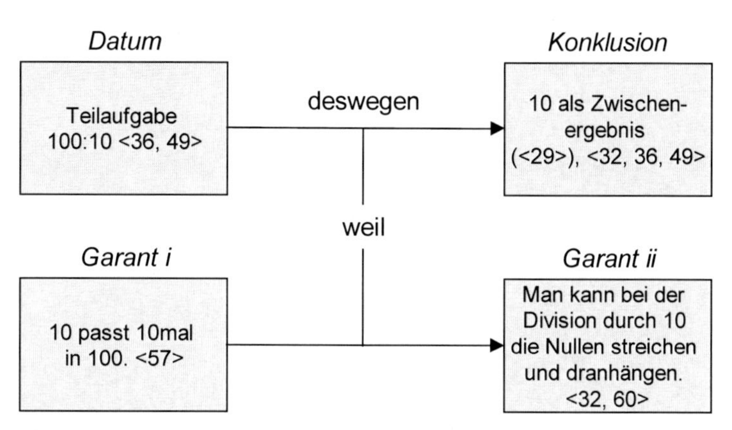


**Abbildung 4.5** Begründung des Teilschrittes 100:10=10

Sabrina hat durch die Vorgabe der ersten Zerlegungsaufgabe die Idee der Zerlegung eingebracht und bereits in <31,32> das Zwischenergebnis 10 für die Teilaufgabe 100:10 begründet. Esther reagiert mit ihrem Begründungsversuch in <57> auf diese Vorgaben und bringt zu dem bereits erwähnten Garanten eine eigene Formulierung im Sinne des ,Enthaltenseins' ein. Wir weisen ihr deshalb den Status einer Paraphrasiererin zu.

| Sprechender und Funktion | Äußerung | Idee (argumentative Funktion der Äußerung) |
| --- | --- | --- |
| *weitere Verantwortliche und Funktion* | | |
| Sabrina: Kreatorin | das sind . das sind . das sind **zehn** warte - warte - ich rechne nach \ <28,29,31> | Konklusion in Abb. 4.5 |
| Sabrina: Kreatorin | zehn geteilt durch zehn sind **eins** \ . ne Null hinten dran \ sind . äm . zehn\ <32, s. a. 60> | Divsion durch ,Nullen streichen und dranhängen' (Garant ii in Abb. 4.5) |
| Esther: Paraphrasiererin | in der Hundert das ist die Zehn **zehn mal** drin <57> | Division als ,Enthaltensein' (Garant i in Abb. 4.5) |
| | *Sabrina* | |

**Tabelle 4.4** Partizipationsanalyse zum Teilschritt 100:10=10

Wir kommen nun zur zweiten Zwischenrechnung „10-3". Obwohl dieses zweite Zwischenergebnis mit Ajas Lösungsvorschlag acht in <50> durchaus strittig erscheint, wird die Teilaufgabe 10-3=7 kaum explizit abgesichert. Mit der Deutung der Subtraktion als drei zurück <31> liegt in Sabrinas individuellem Rechenprozess ein Garant vor. In <52> kann man die von ihr hochgehaltenen drei Finger erneut als Garanten aber auch als Hinweis auf die gesamte zweite Teilaufgabe verstehen. Dann wären diese drei Finger ein Hinwies auf das Datum „die Teilaufgabe lautet 10-3". Hiermit würde sie Ajas Ergebnis von 8 nicht als Rechenfehler, der dann gleichsam über die Nennung von Garanten verdeutlicht würde, sondern als Missverständnis zur Teilaufgabe deuten, das durch Nennung des ,wahren' Datums beseitigt wird. Die Aufgabe 10-3 wird also in der Argumentation eher nicht begründet, sondern als Zahlenfakt 10-3=7 genutzt. Dies erkennt man auch in Esthers Äußerung und jetzt ziehst du von der Zehn **drei ab** / machen **sieben** \ <57,58>.

Als TOULMIN-Layout ergibt sich (Abbildung 4.6):

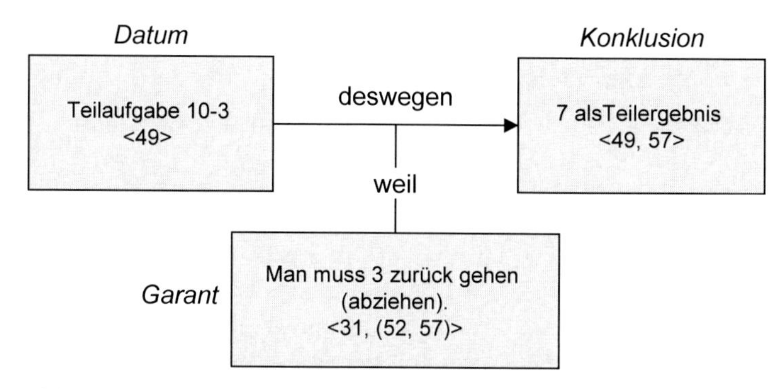


**Abbildung 4.6** Begründung des Teilschrittes 10–3=7

Die Tabelle für die Partizipationsanalyse dazu sieht folgender Maßen aus (Tabelle 4.5):

| Sprechender und Funktion | Äußerung | Idee (argumentative Funktion der Äußerung) |
|---|---|---|
| *Bezugnahme auf einen vorangehenden Sprecher* | | |
| Sabrina: Kreatorin | minus drei sind sieben <32> | Konklusion in Abb. 4.6 |
| Sabrina, Esther: Imitiererinnen | Nennen mehrfach das Endergebnis 7 <33.2, 39, 45,46,58> | Konklusion in Abb. 4.6 |
| *Sabrina* | | |
| Sabrina: Kreatorin | Da muss du jetzt **drei** abziehen hält ihr drei Finger entgegen **nicht zwei** <52> | Datum in Abb. 4.6 |
| Sabrina: Kreatorin | Man muss drei zurückgehen (abziehen). <31;(52,57)> | Garant in Abb. 4.6 |

**Tabelle 4.5** Partizipationsanalyse zur Begründung des Teilschrittes 10–3=7

In diesem Teillösungsprozess trägt Aja zu den Argumentationen außer der abschließenden imitierenden Bestätigung der Lösung <64> tätig-produktiv nichts bei. Ajas einziger eigenverantwortlicher Beitrag ist das ist acht \ in <50> und somit eine widersprechende Behauptung, die allerdings argumentativ nicht eingebunden wird. Deswegen ist auf ihn in der obigen Darstellung als Missverständnis des Datums interpretiert.

Betrachtet man das gemeinsam Hervorgebrachte in diesem Argumentationsprozess, so wird zunächst über ein individuell von Sabrina ermitteltes Ergebnis, das zum Aufgabenblatt passt, die Lösbarkeit der Aufgabe gesichert. Letztlich zielen die einzelnen Argumentationen dieses Argumentationsstrangs auf eine immer ausführlichere Aufgabenbearbeitung. Diese Lösbarkeit wird sodann über die Möglichkeit gerechtfertigt, die Aufgabe in Teilschritte zerlegen zu können. Als letzter Schritt werden schließlich Argumente für die in den Teilschritten ermittelten Zwischenergebnisse hervorgebracht.
Auch wenn hier zweimal *dieselbe* Aufgabe behandelt wird, zeichnet sich eine musterhafte Argumentation für mehrgliedrige Aufgaben insgesamt ab. Während Sabrina die zugehörige Argumentation in ihrem individuellen Rechenprozess ‚wieder entdeckt', wird Esther mit ihr offensichtlich im ersten Einigungsprozess mit Sabrina konfrontiert. Im Erklärungsprozess für Aja bringt Esther schon mehr Teile als Paraphrasiererin ein und ist eigentlich nicht mehr auf Sabrinas Hilfe angewiesen. Sie kann die musterhafte Erklärung sogar durch Paraphrasierung des Garanten noch ausweiten. Esther kann also ein Stück autonomer für die Richtigkeit der Lösung argumentieren. Es liegt somit für sie ein Argumentationsformat vor.
Ajas Partizipationsanteile nehmen im Laufe der Aufgabenbehandlung schrittweise ab. Für sie kann man entsprechend auch keinen Autonomiegewinn rekonstruieren. Ihre Partizipation am Argumentationsformat kann man bestenfalls als in den aller ersten Anfängen befindlich bezeichnen (siehe nächstes Kapitel „nicht-tätig-werdende Partizipation als Mithörer").
Wir wollen zum Abschluss die ATS und SPS dieses Formats rekonstruieren. Im Transkript handelt es sich um die Zeilen 32 und 49 bis 64.

| **ATS** | | **SPS** | |
|---|---|---|---|
| *Schritt* | *Handlung* | *Person* | *Status* |
| 1 | Teilschritt „100 geteilt durch 10" <49> | Sabrina | Kreatorin |
| 2 | Teilschritt „minus 3" <Sabrina in 49, Esther in 58> | Sabrina<br>Esther | Kreatorin und Imitiererin<br>Imitiererin |

| 3 | Begründung für „100 geteilt durch 10“ <Sabrina in 49, und 60, Esther in 57> | Sabrina<br><br>Esther | Kreatorin (Konklusion, Garant)<br>Paraphrasiererin (Garant) |
|---|---|---|---|
| 4 | Begründung von „minus 3“ <Sabrina in 49,52 und 57; Esther in 58> | Sabrina<br><br><br><br>Esther | Kreatorin (Datum, Konklusion, Garant Imitiererin (Konklusion)<br>Imitiererin (Konklusion) |
| 5 | Überprüfung des Ergebnisses an Lösungstabelle <32> | Sabrina | Kreatorin |

**Tabelle 4.6** ATS und SPS eines Formats

Der fünfte Schritt der ATS wird im zweiten Durchgang der Aufgabenbearbeitung nicht noch einmal durchgeführt. Dies ist nachvollziehbar, da es sich um dieselbe Aufgabe handelt. Die Tabelle verdeutlicht noch einmal die ‚lenkende' Position von Sabrina. Sie fungiert in allen fünf Schritten der ATS als Kreatorin. In den Begründungsphasen kann allerdings Esther bei diesem zweiten Durchlauf des Argumentationsformats bereits bei den Konklusionen als Imitiererin und bei einem Garanten als Paraphrasiererin auftreten. Wir sehen hierin eine Entwicklung zu größerer Autonomie in der argumentativ abgesicherten Bearbeitung solcher Aufgaben. Man mag diese Entwicklung als geringfügig oder unerheblich ansehen. Wir denken jedoch, dass mathematische Lernfortschritte häufig in solch ‚kleinen Portionen' kommen und dass wir hier einen Analyseweg vorgestellt haben, der diese wahrzunehmen und theoretisch einzuordnen erlaubt.

# 5 Die fünfte Dimension: Was ist mit den stillen Schülern?

Alle vorangegangenen Kapitel beschäftigten sich mit Interaktionen im Unterricht. Mal stand die Themenentwicklung im Vordergrund, dann war der Fokus auf Argumentationsprozesse gerichtet. Im Rahmen der dritten Dimension wurden musterhafte Organisationen im Sprecherwechsel betrachtet und im vierten Kapitel schließlich wurden die Sprechbeiträge der Schüler genauer untersucht und kategorisiert. Bisher standen also immer diejenigen Kinder im Mittelpunkt, die sich aktiv am Unterricht beteiligen, die am Interaktionsprozess aktiv partizipieren. Schwierigkeiten besonderer Art bereiten jedoch sowohl der Lehrperson als auch dem Forscher die „stillen" Schüler, also diejenigen Kinder, die den Unterricht nicht aktiv mitgestalten, sondern gleichsam rezeptiv partizipieren. Für die Lehrerin stellen sich Fragen der Art:

Passt das Kind auf?
Was geht in seinem Kopf vor?
Was hat es verstanden?
Wo liegen eventuelle Schwierigkeiten?
Wie soll man einem „stillen" Kind gezielte Hilfestellungen anbieten?

Für den Forscher stellt sich die Problematik des Zugriffs. Wie soll man herausbekommen, was in einem Kind vorgeht, was es beschäftigt, wie und was es lernt, wenn es sich dazu nicht äußert und wenn man nicht in seinen Kopf blicken kann?
Dieses Kapitel geht im Rahmen der fünften und letzten Dimension des Modells zum besseren Verstehen des Mathematikunterrichts der Grund-

schule auf eben diese Thematik ein. Es geht um die Frage: „Was passiert in Bezug auf die zuhörenden Schüler?“
Zunächst werden die verschiedenen Formen des ‚Zuhörens' beschrieben und als „Rezipientendesign“ vorgestellt. Im Anschluss werden Möglichkeiten aufgezeigt, wie man durch gezielte Verschriftlichungsanforderungen an die Schüler versuchen kann, auch die stillen Kinder zu Wort kommen zu lassen. Dabei werden neben Praxisbeispielen vier verschiedene Forschungsansätze zum Schreiben im Mathematikunterricht vorgestellt.

## 5.1 Das Rezipientendesign

In dem letzten Kapitel waren die verschiedenen Formen des Tätigseins zentral. Im Unterricht ist jedoch jeweils die Mehrheit der Beteiligten Zuhörer, denn zu viele Sprecher zur gleichen Zeit ließen den Unterricht im Chaos enden. Allgemein lassen sich verschiedene Formen des Hörens, des Rezipierens rekonstruieren. Ein Beispiel aus einer polyadischen Unterrichtssituation soll diese Tatsache verdeutlichen.[22]

| | |
|---|---|
| Wayne | *geht zu Wasily und dem Wasily helfendem Jarek* äh / das darf man nicht so abgucken \ |
| Jarek | na klar darf man das abgucken \ |
| Wayne | nein \ du sollst ihm nur sagen wie das geht \ |
| Marina | *hält inne und verfolgt danach das Gespräch* |
| Jarek | häh / (unverständlich) Mann das **kann** ich \ |
| L | ja Jarek \ das ist nämlich so \ . der . Wasily versteht es **nicht** wenn er **abguckt** \ der Wasily **versteht** das aber und kanns **alleine** machen / . wenn du ihm sagst **wie** das geht \ verstehst du Jarek \ wenn du sagst **wie man das macht** \ dann kann er das nämlich selber dann braucht er nicht mehr zu gucken \ |

[22] Die Ausführungen zum Rezipientendesign basieren auf KRUMMHEUER / BRANDT 2001, 51-54 und 61-64.

Betrachten wir die Äußerung der Lehrerin. Jarek, Wayne, Wasily und Marina werden alle von ihrer Äußerung erreicht, allerdings geschieht ihr Hören in unterschiedlicher Form. Jarek wird durch die Namensnennung direkt von der Lehrerin adressiert. Seine Aufmerksamkeit ist vermutlich sehr hoch, um jederzeit sprechbereit zu sein. Wayne und Wasily sind beide direkt beteiligt und von der Lehrerin in ihrer Äußerung ‚mitbedacht', jedoch nicht gleichermaßen angesprochen. Marina erscheint dagegen etwas außen vor zu sein, dennoch ist ihr Mithören geduldet und wird in keiner Weise unterbunden. Theoretisch denkbar wäre auch der Fall, dass jemand unerlaubt lauscht, was gesprochen wird. Der Sprechende kann insbesondere durch Stimmlage und Körperhaltung deutlich machen, dass bestimmte Anwesende von der Rezeption der Äußerung ausgeschlossen werden sollen. Als Beispiel für den Schulunterricht kann man hier z. B. das ‚heimliche Vorsagen' nennen, das die Lehrerin ja möglichst nicht mitbekommen soll.
Diese unterschiedlichen Hörerrollen in der polyadischen Interaktion versuchen wir im Folgenden zu fassen. Zwei Aspekte gilt es dabei zu beachten:

- Unterricht lässt sich als ein kommunikatives Ereignis beschreiben, an dem nicht nur mehrere beteiligt sind, sondern auch mehrere Gesprächsstränge zugleich mit vielfältigen Relationen untereinander stattfinden.

- Eine polyadische Interaktion kann aufgrund der Anwesenheit mehrerer (potenzieller) Zuhörer differenzierte Hörerrollen aufweisen.

Beide Punkte fassen wir unter dem Begriff des „Rezipientendesigns" zusammen. Wir wollen zunächst ein allgemeines Modell hierfür vorstellen (Abbildung 5.1). Danach bieten wir einige Differenzierungen für das lehrergelenkte Unterrichtsgespräch und die Schülergruppenarbeit an.

| Erreichbarkeit einer Äußerung | | | |
|---|---|---|---|
| **direkte Beteiligung** des Rezipienten an der Äußerung | | **nicht direkte Beteiligung** des Rezipienten an der Äußerung | |
| vom Sprechenden **adressiert** | vom Sprechenden **mit angesprochen** | vom Sprechenden **geduldet** | vom Sprechenden **ausgeschlossen** |
| **Gesprächspartner** | **Zuhörer** | **Mithörer** | **Lauscher** |
| *Jarek* | *Wayne, Wasily* | *Marina, weitere Kinder* | - |

**Abbildung 5.1** Allgemeines Modell zum Rezipientendesign

Es gibt Personen, die vom Sprechenden in der Interaktion direkt angesprochen werden. Dies nennt man eine „Adressierung". Diesen Hörerstatus mit seinen Rechten hinsichtlich der „Turn"übernahme bei gleichzeitiger Verpflichtung zu einem hohen Aufmerksamkeitsgrad bezeichnen wir als „Gesprächspartner" (Jarek). Diejenigen, die vom Sprechenden mit angesprochen werden, und deren Aufmerksamkeitsgrad ebenfalls hoch ist, nennen wir „Zuhörer" (Wasily und Wayne). Vom Sprechenden zwar geduldet, nicht aber in der gleichen Weise mitbedacht, sind die so genannten Mithörer (Marina). Aus der Äußerung ausgeschlossene Hörer nennen wir Lauscher. Diese vier Typen sind allesamt Hörer der Äußerung, wie der oberste Kasten andeutet. Allerdings sind nicht alle Rezipienten gleichermaßen an der Äußerung beteiligt. Wir unterscheiden zwischen einer *direkten Beteiligung* und einer *nicht direkten Beteiligung*. (siehe auch GOFFMAN 1981, LEVINSON 1988, SAHLSTRÖM 1997, BRANDT / KRUMMHEUER 1998 und BRANDT 2001).
Im Folgenden werden wir dieses zunächst allgemein entwickelte Rezipientendesign auf die lehrergelenkte Unterrichtsinteraktion und die Schülergruppenarbeit anwenden.

### 5.1.1 Die lehrergelenkte Unterrichtsinteraktion

Die lehrergelenkte Unterrichtsinteraktion ist gewöhnlich polyadisch strukturiert. In der folgenden Grafik haben wir als Sprechenden die Lehrerin gesetzt. Der Status des Lauschers entfällt in dieser Konstellation. Die Lehrerin kann adressieren, ansprechen oder dulden.

*Überlegen Sie sich Situationen, in denen die Lehrerin im Klassengespräch bestimmte Schüler als Mithörer nicht anspricht, sondern lediglich duldet.*

Im Unterrichtsalltag ist es durchaus nicht selten der Fall, dass die Lehrerin bestimmte Schüler nicht anspricht, sondern duldet. Beispielsweise beim wiederholten Erklären sind diejenigen, die bereits verstanden haben, worum es geht, lediglich geduldete, nicht aber angesprochene Rezipienten der Äußerung. Spricht die Lehrerin die Kinder einer bestimmten Tischgruppe an, dann sind alle übrigen Schüler geduldete Mithörer.
Der jeweils adressierte Schüler ist in der lehrergelenkten Unterrichtsinteraktion zumeist problemlos zu identifizieren. Er hat den Status eines Gesprächspartners inne. Relativ undifferenziert erscheinen dagegen die Rezipientenstatus der restlichen Schüler. Die Status von Zuhörer und Mithörer verschwimmen. Die Lehrerin mag in vielen Fällen davon ausgehen, dass alle Schüler im Status von Zuhörern mit angesprochen seien und den diesem Status zuzuschreibenden Erwartungen mit einer gewissen Intensität nachkämen. Dies ist jedoch ein normativer Standpunkt. Realistischer Weise wird man wohl eher davon ausgehen müssen, dass einige Schüler sich an dem Klassengespräch nicht tätig beteiligen werden und auch den Zuhörerstatus nicht in dem von der Lehrerin erwarteten Sinne wahrnehmen. Es liegt gleichsam eine Deutungsdifferenz zwischen Schüler- und Lehrerperspektive vor. Entsprechend werden im Rezipientenstatus des „Bystanders" all diejenigen Hörer zusammengefasst, die angesprochen oder geduldet sind. Diejenigen Bystander, die gleichsam den Status des ‚unerkannten' Zuhörers inne haben, haben die Möglichkeit, diesen Status jederzeit aufzugeben und sich engagierter dem Klassengespräch zuzuwenden. Danach können sie wieder sanktionsfrei im Bystanderstatus verweilen. Die andere Gruppe aus dem Kreis der Bystander, die ‚getarnten' Mithörer, hat diese Möglichkeit des Tätigwerdens gewöhnlich nicht, da ihr Aufmerksamkeitsgrad zu gering ist.
Das allgemeine Schema zum Rezipientendesign verkürzt sich bei einem Klassengespräch somit in folgender Weise (Abbildung 5.2):

<table>
<tr><th colspan="4">Erreichbarkeit einer Äußerung im Klassengespräch</th></tr>
<tr><td colspan="2">direkte Beteiligung<br>des Rezipienten an der Äußerung</td><td colspan="2">nicht direkte Beteiligung<br>des Rezipienten an der Äußerung</td></tr>
<tr><td>von L.<br>adressiert</td><td colspan="2">von L.<br>mit angesprochen</td><td>von L.<br>geduldet</td></tr>
<tr><td>Gesprächspartner</td><td colspan="3">Bystander</td></tr>
</table>

**Abbildung 5.2** Rezipientendesign im Klassengespräch

Als ein Beispiel für ein solches Klassengespräch sei hier wieder an die erste Phase der Episode „13 Perlen“ erinnert. Bystander konnten dabei durch minimale Veränderung einer bereits geäußerten Antwort den Status des Gesprächspartners einnehmen und daraufhin wieder in den Rezipientenstatus des Bystanders zurückkehren.
Das veränderte sich jedoch mit Jareks Äußerung 7-0. Diese zweite Phase aus diesem Unterrichtsausschnitt weist auf eine Modifikation dieses Schemas für das Unterrichtsgespräch hin. Nun ist es nicht mehr möglich, aus einem geringen Aufmerksamkeitsstatus heraus zum Gesprächspartner zu werden. Entsprechend verkleinert sich der Kreis der potenziellen Gesprächspartner. Gleichzeitig wird für die Lehrerin klarer abschätzbar, wer sich direkt an der Entwicklung eines Gesprächs beteiligen kann. Hier liegt dann eine „Podiumsdiskussion“ vor.
Das allgemeine Schema zum Rezipientendesign für die Podiumsdiskussion differenziert sich somit aus (Abbildung 5.3). Die Gruppe der Bystander ist in der Podiumsdiskussion weniger diffus. Es lassen sich Aufmerksame Zuhörer identifizieren.

<table>
<tr><th colspan="4">Erreichbarkeit einer Äußerung in der Podiumsdiskussion</th></tr>
<tr><td colspan="2">direkte Beteiligung<br>des Rezipienten an der Äußerung</td><td colspan="2">nicht direkte Beteiligung<br>des Rezipienten an der Äußerung</td></tr>
<tr><td>von L.<br>adressiert</td><td colspan="2">von L.<br>mit angesprochen</td><td>von L.<br>geduldet</td></tr>
<tr><td>Gesprächspartner</td><td>Aufmerksamer Zuhörer</td><td colspan="2">Bystander</td></tr>
</table>

**Abbildung 5.3** Rezipientendesign in der Podiumsdiskussion

Im vom lehrergelenkten Unterricht aufgespannten Interaktionsraum lassen sich somit zumindest zwei Rezipientendesigns identifizieren: das Klassengespräch und die Podiumsdiskussion. Sie stehen aus unserer Sicht in einem Inklusionsverhältnis: Das verbreitetere oder üblichere Rezipientendesign ist das Klassengespräch. In besonderen Fällen kann es sich zu einer Podiumsdiskussion weiterentwickeln. Wenn wir auf beide Rezipientendesigns verweisen wollen, sprechen wir auch kurz von „Lehrerunterricht". In beiden Ausprägungen ist die Lehrerin bemüht, durch einen Wechsel der Gesprächspartner die Zahl der tätig beteiligten Schüler zu erhöhen. Im Klassengespräch ist es dabei häufig möglich, auch aus dem Status des Bystanders mit relativ geringem Aufmerksamkeitsgrad adäquat mitzureden. In der Podiumsdiskussion gibt es hingegen nicht mehr eine fluktuierende Anzahl von Mitredenden aus dem Status des Bystander heraus, sondern eine relativ klar bestimmbare (kleine Anzahl) von Gesprächspartnern und Aufmerksamen Zuhörern, an deren Beiträge ein wesentlich höherer Originalitätsanspruch gestellt wird. Entsprechend produktiv ist die Lernsituation der Aufmerksamen Zuhörer. Es ist also im Interesse der Lehrperson, das Entstehen von Podiumsdiskussionen zu unterstützen.

In den folgenden Abschnitten wollen wir genauer beschreiben, wie solche Podiumsdiskussionen ‚funktionieren'. Wir versuchen Bezüge zur Rationalisierungspraxis und zu Argumentationsformaten herzustellen.
Neben den bereits genannten Charakteristika zeichnet sich die Podiumsdiskussion durch „Ad-hoc-Entscheidungen" der Lehrerin auf der personalen Ebene und durch eine spezifische „Rotation" der Gesprächspartner auf der interaktionalen Ebene aus.
Vor allem von der Lehrerin ist im Falle der Initiierung einer Podiumsdiskussion die Leistung zu vollbringen, möglichst vielen Schülern eine aktive Teilnahme bzw. aufmerksame Rezeption zu ermöglichen. Dazu muss sie mit einer Vielzahl von Ad-hoc-Entscheidungen strukturierend und orientierend eingreifen. Diese Entscheidungen beruhen dabei auf der spontanen Einschätzung des aktuellen Schülerbeitrages. Vermutet die Lehrerin eine Abweichung von der von ihr erwarteten Antwort bzw. eine mustergültige Lösung, dann hat sie im Hinblick auf eine ausführlichere Behandlung dieser Antwort den zu erwartenden Lerneffekt für den Schüler, von dem diese Äußerung stammt, und für den Rest der Klasse prognostizierend abzuschätzen.

Hierzu versucht sie im Falle ihrer Entscheidung für die Initiierung einer Podiumsdiskussion durch gezielte einwurfartige Ansprachen die Aufmerksamkeit unter den restlichen Schülern zu erhöhen. Die Zeitpunkte für derartige Einwürfe hat sie ad hoc zu bestimmen. Wieder kann auf die Episode „13 Perlen" verwiesen werden: Jareks Äußerung 7- 0 erscheint unerwartet. Indem die Lehrerin als Traduziererin von Jareks Äußerung auftritt und den Jungen nach vorne ruft, fokussiert sie die Aufmerksamkeit der Kinder. Damit bemüht sie sich um die Initiierung einer Podiumsdiskussion.
Für die Aufrechterhaltung des Gesprächsverlaufs sind neben den Gesprächspartnern auch Aufmerksame Zuhörer nötig. Würde es sich hier um nur einen Schüler handeln - dann natürlich in der Rolle des Gesprächspartners -, dann läge ein vergleichbarer Fall zu der von BRUNER in seinen Arbeiten zum Formatbegriff untersuchten Mutter-Kind-Dyade beim Spracherwerb vor. Hier jedoch ist das Gespräch in eine Klassensituation vor einem mehr oder weniger aufmerksamen Publikum eingebettet. In der Podiumsdiskussion treten anstelle dieses einen Kindes alternierend mehrere Schüler auf, die dann vorübergehend aus dem Status des Aufmerksamen Zuhörers in den des Gesprächspartners wechseln. Diesen Vorgang nennen wir „Rotation".
Für den zügigen Fortgang eines derartigen Interaktionsprozesses ist es entscheidend, dass bei der Rotation genügend Schüler nacheinander in der Podiumsdiskussion ‚kompetent' in der Rolle des Gesprächspartners teilnehmen können. Hierzu müssen im Interaktionsraum Voraussetzungen geschaffen werden, die derartige Beiträge ermöglichen. Für den Fall, dass einer solchen Podiumsdiskussion die Struktur eines Argumentationsformats unterstellt werden kann, verteilen sich einzelne Gesprächszüge darin auf mehrere Schüler. Sie übernehmen hierfür jeweils kurzfristig die Rolle des Gesprächspartners. Rekrutiert werden diese Gesprächspartner idealer Weise aus dem Kreis der Aufmerksamen Zuhörer. Ihr Aufmerksamkeitsgrad muss dabei so hoch sein, dass sie aus der bisherigen Abfolge der Gesprächszüge auf dem Podium die ‚richtige' Stelle in der Sequenz der Handlungen (ATS) des hervorzubringenden Argumentationsformats identifizieren. Auf dieser Grundlage können sie dann gegebenenfalls im Zuge der Rotation in den Status des Gesprächspartners aufrücken. Hierdurch wechseln sie auch aus einer nicht-tätig-werdenden Rolle im Rezipientendesign in eine tätig-produktive des Produktionsdesigns: Aus dem potenziell rezeptiven Lerner wird ein potenziell agierender Lerner.

Die Aufrechterhaltung einer solchen Podiumsdiskussion ist ein schwieriger Balanceakt. Entweder stellt die Rekrutierung der Gesprächspartner relativ strenge Maßstäbe an die aufmerksame Teilnahme des Klassengesprächverlaufs. In diesem Fall schränkt sich der Kreis der Aufmerksamen Zuhörer auf wenige Schüler ein und kann im Extremfall in eine Dyade zwischen der Lehrerin und einem Schüler münden. Oder das ‚Mitreden' auf dem Podium erfordert keine hohe Aufmerksamkeit bei der Verfolgung des bisherigen Gesprächsverlaufs. Hier verwischen dann die Grenzen zwischen Gesprächspartnern, Aufmerksamen Zuhörern und Bystandern als Rekrutierungsressource. Dieser Fall kann zum einen eintreten, wenn die Podiumsdiskussion zum Schluss wieder schrittweise in ein Klassengespräch wechselt oder wenn die ATS des zugrunde liegende Argumentationsformats von vielen Schülern schon weit gehend autonom hervorgebracht werden kann. Im letzten Fall liegt dann keine Lernsituation im eigentlichen Sinne vor. Es wird dann beispielsweise geübt oder wiederholt.

## 5.1.2 Die Schülergruppenarbeit

Im Mathematikunterricht der Grundschule ist neben dem Lehrerunterricht die Gruppenarbeit zwischen Schülern weit verbreitet. Deshalb wollen wir auch das Rezipientendesign für diese Sozialform genauer untersuchen. Dabei findet wieder das vollständige Modell zu den Rezipientenstatus Anwendung, da es prinzipiell auch Lauscher geben kann (s. u.). Gruppenarbeitsprozesse sind deutlich variabler gestaltet als der Lehrerunterricht. Sie werden zu unterschiedlichen Anlässen initiiert und in unterschiedlicher Weise organisiert (siehe auch AUER 1992; BÖHL 1996; CLAUSSEN 1995; HIERNONIMUS 1996; HUSCHKE 1996; MORAWIETZ 1995; RAMSEGER 1992; WALLRABENSTEIN 1991).

- Beispielsweise kann die Lehrerin eine oder mehrere Gruppen einrichten und nicht alle Schüler diesen Gruppen zuordnen, um dann mit einer kleineren Anzahl von Schülern Lehrerunterricht zu machen. Dies kann in jahrgangsübergreifenden Klassenverbänden immer dann regelmäßig auftreten, wenn die Lehrerin die Schüler nur einer Jahrgangsstufe unterrichten will. Auch in regulären Klassen mit nur einem Jahrgang können solche Mischungen aus Gruppenarbeit und Lehrerunterricht vorkommen, z. B. wenn die Lehrerin eine innere Differenzierung vornimmt und nur mit den schwächeren Schülern etwas wiederholen oder üben möchte.

- Gruppenarbeit kann zudem einen Abschnitt im Stundenverlauf darstellen. In diesem Fall könnte eine Unterrichtsstunde so strukturiert sein, dass nach einer Einführung in Form eines Klassengespräches alle Schüler in Gruppen aufgeteilt werden, um das Thema weiter zu bearbeiten. Zum Schluss der Stunde könnte dann noch eine Diskussion in der Klasse zu den erzielten Gruppenergebnissen stattfinden.

- Gruppenarbeit kann darüber hinaus als ein Abschnitt im Tages- oder Wochenverlauf einer Klasse vorkommen. Insbesondere bei neueren Ansätzen zum Offenen Unterricht werden im Stundenplan ganze Stunden und auch Doppelstunden reserviert für die so genannte „Wochenplanarbeit". Hier sitzen dann üblicherweise Schüler nach eigener Wahl zusammen und bearbeiten gemeinsam Aufgaben aus ihrem Wochenplan.

- Auch bei so genannter „Stationsarbeit" werden gewöhnlich kleine Gruppen von Schülern dazu angehalten, zusammen von Station zu Station gehend die dort vorgegebenen Aufgaben zu bearbeiten.

Wie das Klassengespräch und die Podiumsdiskussion ist in der Regel auch die Gruppenarbeit eine polyadische Interaktion.[23] Diesen Prozessen wollen wir uns nun genauer zuwenden. Man kann hierzu zwei unterschiedliche Perspektiven einnehmen. Man kann sich zum einen auf eine Gruppe und die darin stattfindende Interaktion konzentrieren. Die Gruppe stellt dann so etwas wie eine in sich *geschlossene Einheit* dar. Man kann auf Gruppenarbeit aber auch als eine Aktivität der Gesamtklasse schauen. Unter dieser Sichtweise würden man sich dann auch die Verbindungen *zwischen* den gleichzeitig stattfindenden Aktivitäten in der Klasse mit ansehen. Hierdurch könnte man z. B. auch die Handlungen der Lehrerin während

23 Dies gilt auch für Gruppen, die aus nur zwei Schülern bestehen, der so genannten „Partnerarbeit", da auch hier von außen weitere Schüler oder die Lehrerin im Status der nicht direkten Beteiligung mit ‚anwesend' sein können.

der Gruppenarbeit umfassend rekonstruieren. Denn sehr häufig ist sie in den Gruppen anwesend, wenn sie während der Gruppenarbeit zwischen den Gruppen hin- und herpendelt und sich auf diese Weise parziell in die Interaktion der Gruppen einbringt.

Wir wollen nun einige dieser Konstellationen, die bei Gruppenarbeit auftreten können, mithilfe der Begrifflichkeit des Rezipientendesigns beschreiben. Hierbei werden wir deutlich mehr Fälle unterscheiden müssen als beim Lehrerunterricht. Wir verzichten diesmal entgegen unserer sonstigen Gewohnheit auf Beispiele. Sie würden diesen Unterabschnitt unverhältnismäßig aufblähen.
Beginnen wir mit einer Erscheinungsform, die vielleicht am ehesten den üblichen normativen Erwartungen zu einer Gruppenarbeit entspricht: Mehrere Schüler arbeiten konzentriert zusammen an einer Aufgabe. Üblicherweise reden die Gruppenmitglieder nicht durcheinander, sodass bis auf den Sprechenden alle übrigen Rezipienten dieser Äußerung sind. Im unterstellten Idealfall wären sie alle Gesprächspartner dieses Sprechenden, von denen eventuell einer dann den nächsten Turn übernimmt, usw. Diesen Fall wollen wir eine „stabile kollektive Bearbeitungssequenz" (KRUMMHEUER / BRANDT 2001, S. 69) nennen.
Besteht die Gruppe aus mehr als zwei Schülern, so ist häufiger zu beobachten, dass nicht jeder Rezipient von einem Sprechenden in gleicher Weise angesprochen wird. Er redet einen bestimmten Schüler mit Namen an, hält nur zu ihm Blickkontakt und über den Gesamtverlauf der Gruppenarbeit bleiben die anderen Schüler weit gehend still. Sie sind dann (nur noch) Zuhörer. Es kann zudem passieren, dass ein oder mehrere Schüler, die nicht zur Gruppe gehören, gleichsam von ‚außen' Teile der Gruppenarbeitsphase mitverfolgen. Sie hätten dann den Status von Mithörern. Diese Mithörer können z. B. zu einer anderen Gruppe gehören, in der sie auch nicht zu den direkt Beteiligten gehören, Gedanken und Blick schweifen lassen und dann von den Gesprächen einer anderen, in hörbarer Reichweite agierenden Gruppe, gefangen genommen werden. Eventuell wechseln sie als „Quereinsteiger" (ebenda, S. 68) zur neuen Gruppe.
Ein solches Mithören wird manchmal von der Gruppe nicht erlaubt oder ist grundsätzlich in der Klasse verboten. Dennoch können einige Schüler versuchen, bei anderen Gruppen zu lauschen. Ein Grund könnte sein, auf diese Weise zur Lösung einer Aufgabe zu kommen oder auch einfach ein Wechsel in der Aufmerksamkeit, weil in dieser belauschten Gruppe be-

sonders attraktive Aktivitäten ablaufen, beispielsweise weil die Lehrerin gerade zu dieser Gruppe hinzu gestoßen ist.
Insbesondere während der Wochenplanarbeit können relativ kurzlebige Interaktionen parallel zueinander entstehen. Ein Schüler A arbeitet z. B. in Partnerarbeit mit B an einer Aufgabe und es tritt ein dritter Schüler C an A heran und bittet um einen Radiergummi oder fragt nach Ergebnissen von früher bearbeiteten Aufgaben. A ist dann für kurze Zeit Gesprächspartner von C und in einem parallel zur Interaktion mit B verlaufenden zweiten Interaktionsprozess. In solchen Fällen fokussieren wir in unseren Analysen auf das Gespräch zwischen den Schülern, die schon länger an einer Aufgabe sitzen, und nennen dies das „fokussierte Gespräch" (ebenda, S. 23). Häufig bereitet es bei der Interaktionsanalyse einige Schwierigkeiten aus einem Transkript dieses fokussierte Gespräch heraus zu destillieren.
Es kann auch passieren, dass in einer Gruppenarbeit jeder Schüler für sich allein die Aufgabe bearbeitet und dennoch ein Gespräch in der Gruppe entsteht. Man unterhält sich beispielsweise darüber, wie und ob Stifte in der Gruppe geteilt werden sollen (ebenda, S. 94 ff). Gelegentlich unterhält man sich auch über Details der Aufgabenstellung, ohne dass jedoch so etwas wie ein fokussiertes Gespräch entstehen würde. Wir sprechen hier dann von einer „parallelen Bearbeitung" (siehe ebenda, S. 52 Beispiel 11).
Zu guter Letzt haben wir auch Fälle beobachtet, in denen ein Schüler gleichzeitig an zwei oder mehreren fokussierten Gesprächen beteiligt war. Beispielsweise haben wir in einer jahrgangsübergreifenden Klasse erlebt, wie eine Schülerin in einer Gruppe mit jahrgangsgleichen Schülern an einer Aufgabe arbeitete und zugleich einer Gruppe aus einem niedrigeren Jahrgang bei deren Aufgabenbearbeitung geholfen hat. In Analogie zum Simultanschach, bei dem ein Großmeister des Schachs mehrere Partien gleichzeitig spielt, sprechen wir hier von einer „Simultanspielerin" (ebenda, S. 69).

Gruppenarbeitsprozesse sind also recht unterschiedlich strukturiert und zum Abschluss wollen wir noch ein wenig mehr Klarheit in diese vielen Fälle bringen. Recht gut gelingt das, wenn man zwischen Binnenstruktur und Außenbeziehungen einer Gruppen unterscheidet:

- Binnenstruktur
  Bei einer stabilen kollektiven Bearbeitungssequenz besteht das Rezipientendesign im Inneren der Gruppe nur aus Gesprächspartnern und Zuhörern, also nur aus den beiden Rezipientenstatus der direkten Beteiligung. Die beiden Status der nicht direkten Beteiligung werden gegebenenfalls nur von nicht zur Gruppe gehörigen Schülern eingenommen (siehe nächsten Punkt). Bei parallelen Bearbeitungen gibt es dagegen auch innerhalb der Gruppe sich nicht direkt beteiligende Schüler, Mithörer und eventuell auch Lauscher. Hier kommt also das gesamte Spektrum von Beteiligungsformen vor.

- Außenbeziehungen
  Bezüglich der Außenbeziehungen können bei der stabilen kollektiven Bearbeitungssequenz wie auch bei parallelen Bearbeitungen nicht direkt Beteiligte das Geschehen in der Gruppe verfolgen. Es wird also gegebenenfalls von außen mitgehört und gelauscht. Es können aber auch noch von außen neue Schüler in die Gruppeninteraktion direkt eingreifen. Oben haben wir diese als Quereinsteiger und Simultanspieler bezeichnet.

In einer Grafik lassen sich diese Unterscheidungen wie folgt zusammenfassen (Abbildung 5.4).

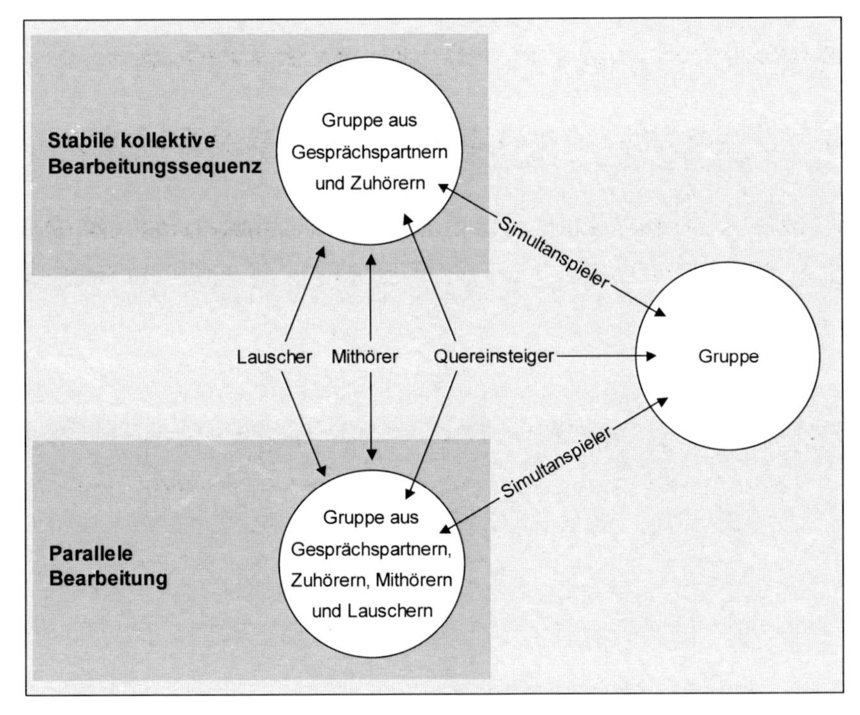


**Abbildung 5.4** Rezipientendesign zur Schülergruppenarbeit

# 5.2 Schreiben im Mathematikunterricht, Schreibanlässe

Eine Möglichkeit, Zugang zu den Ideen der stillen Schüler, also der Aufmerksamen Zuhörer, vielleicht sogar der Bystander zu erhalten, ist es, die Kinder zum Verschriftlichen ihrer Vorstellungen und Lösungswege anzuhalten oder sie über das Lernen von Mathematik schreiben zu lassen. Dabei wird mit dem Einsatz des Schreibens allgemein für alle Schüler, nicht nur für die eher rezeptiv lernenden, die Hoffnung auf vertiefte Reflexion

und die intensiverer Auseinandersetzung mit mathematischen Themen verbunden. Das Schreiben scheint den aktiven Umgang mit mathematischen Fragestellungen und die Notwendigkeit zur Reflexion in geeigneter Weise zu verbinden und Lernprozesse in geeigneter Form auszulösen. Flüchtige Gedanken werden vor dem Vergessen bewahrt.
Im traditionellen Mathematikunterricht wird Verschriftlichungsprozessen allerdings nur ein Nischendasein zugeschrieben. Neben den halbschriftlichen und schriftlichen Rechenverfahren, die außer dem Wortstamm wenig mit der verbreiteten Vorstellung von einer Schreibaktivität gemein haben (WITTMANN / MÜLLER 1992), spielen Verschriftlichungsprozesse durch die Kinder im Wesentlichen im Rahmen von Klassenarbeiten oder Hausaufgaben eine Rolle. Dies sind Ereignisse, an denen auch die stillen Schüler zu Wort kommen können. Allerdings scheint damit das Potenzial von Verschriftlichungsprozessen im Mathematikunterricht der Grundschule nur zu geringen Teilen genutzt zu sein. Im Folgenden sollen einige ausgewählte Beispiele vorliegender Ansätze aus der Mathematikdidaktik vorgestellt werden, in denen das Schreiben für den Mathematikunterricht systematisch genutzt wird. Diese Versuche, mit Verschriftlichungsprozessen den Unterricht und das Lernen der Kinder zu verbessern, sind heterogen und zahlreich. Sie rekrutieren sich sowohl aus der Praxis als auch aus der Wissenschaft. Zum Teil werden ähnliche Konzepte mit verschiedenen Namen beschrieben, bisweilen meint derselbe Begriff verschiedene Ansätze. Eine Systematisierung gestaltet sich entsprechend schwierig. Daher erheben wir mit unserer Darstellung nicht den Anspruch, einen Überblick geben zu können, sondern beabsichtigen, einen Einblick zu ermöglichen. Zunächst werden gleichsam zur Thematik hinführend einige Praxisbeispiele dargestellt, im Anschluss werden vier Forschungsansätze umrissen.

## 5.2.1 Praxisbeispiele für Schreibanlässe

In zahlreichen Veröffentlichungen zum Thema in praxisnahen pädagogischen Zeitschriften wird auf eine als defizitär empfundene Praxis mit Schreiben als mögliche Form der Verbesserung reagiert. In solchen Versuchen, die aus der Praxis motiviert sind und in der Praxis verbleiben, wird Schriftlichkeit im Mathematikunterricht als *Methode* verstanden und angewendet.

Im Folgenden werden nun einige Methoden zum Schreiben im Mathematikunterricht der Grundschule konkret vorgestellt. Einschränkend sei darauf hingewiesen, dass einige der nachstehend beschriebenen Praxisbeispiele gleichzeitig Elemente eines weiter gefassten Ansatzes oder eines wissenschaftlichen Forschungsprogramms sind, hier aber nur ausschnittsartig vorgestellt werden. Damit wird der Tatsache Rechnung getragen, dass das Spektrum der Ansätze zu Schreibanlässen sehr weit ist und sowohl große inhaltliche als auch begriffliche Überschneidungen bestehen.

## Free Writing – Assoziatives Schreiben

Wir möchten mit einem „Selbstversuch" beginnen:

*Nehmen Sie sich einen Stift und ein Blatt Papier zur Hand. Beginnen Sie ohne Unterbrechungen zum Thema „Schreiben im Mathematikunterricht" zu schreiben. Vernachlässigen Sie die Interpunktion und Grammatikregeln, versuchen Sie nicht, vollständige Sätze zu formulieren. Lesen Sie nicht nach, was Sie bisher geschrieben haben. Beginnen Sie jetzt, bevor Sie weiter lesen. Wann immer Ihnen nichts einfällt, schreiben Sie einfach wieder und wieder die Überschrift auf Ihr Blatt. Nehmen Sie sich einige Minuten Zeit.*

Vielleicht haben Sie sich erst an diese unkonventionelle Form des Schreibens gewöhnen müssen, sich gleichsam ‚frei-schreiben' müssen von über Jahre hinweg stabilisierten Konventionen. Möglicherweise haben Sie nach den ersten, durchaus verkrampften Worten, ein Gefühl der Freiheit gewinnen können, in dem der Stift wie von selbst über das Papier wanderte und Ihre Gedanken auf diese Weise Gestalt annahmen. Diese Freiheit von Form und Konvention gab der Methode den Namen: „Free Writing" (siehe u. a. BURTON 1985). Typisch sind die unvollständigen Sätze mit ihren eigenwilligen Verbindungen, Rechtschreibfehlern und Wiederholungen.

*Welche Anwendungsmöglichkeiten des „Free Writing" könnten Sie sich für den Mathematikunterricht der Grundschule vorstellen?*

Free Writing lässt sich überall dort sinnvoll im Mathematikunterricht einsetzen, wo es darum geht, die Gedanken zu fokussieren und dadurch größere Klarheit über Themen, Lösungswege oder Schwierigkeiten zu erlangen. Beispielsweise könnte man vor der Einführung eines neuen Themas mit dieser Methode arbeiten, um einen ersten Eindruck zu gewinnen, was und wie viel die Schüler bereits wissen. Das kann sowohl für die Lehrperson als auch für die Kinder von Bedeutung sein. Die Kinder bekommen die Chance, sich zunächst selber Gedanken über ein Sachgebiet zu machen. Dadurch wird es ihnen möglicherweise innerhalb eines Klassengesprächs oder sogar im Rahmen einer Podiumsdiskussion leichter fallen, zu den an der Äußerung beteiligten Schülern zu gehören und den richtigen Zeitpunkt für einen Wechsel vom rezeptiven Status zum Gesprächspartner zu identifizieren. Die Lehrerin erhält Informationen darüber, über welche Vorerfahrungen die Schüler bereits verfügen. Dieses Wissen kann für sie im Zusammenhang mit der Gestaltung und Zusammensetzung einer Podiumsdiskussion von Nutzen sein, da es ihr die Einschätzung darüber erleichtert, wer aus dem Kreis der Bystander den Status eines Aufmerksamen Zuhörers einnehmen könnte. Entsprechend könnte man „Free Writing" auch an solchen Stellen in den Unterricht integrieren, an denen Verständnisschwierigkeiten auftreten. Das kann für die gesamte Klasse genau so sinnvoll erscheinen wie als Arbeitsauftrag für einzelne, insbesondere nicht-tätig-werdende Kinder. Auf diese Weise könnte diese Methode helfen, Probleme explizit zu machen und zu spezifizieren, um anschließend gezielt Hilfestellungen leisten zu können. So mag sich dieses zunächst zeitaufwändig erscheinende Verfahren letztendlich als effektives Vorgehen erweisen. Entscheidend ist immer, eine geeignete Fragestellung oder Überschrift zum „Free Writing" zu finden.

### Vorstellungsbilder

Verschriftlichungsprozesse und Schreiben im weiteren Sinne können schon ab der ersten Klasse in der Grundschule eingesetzt werden. So arbeiten RADATZ und LORENZ (1993, S. 50) nicht auf der symbolischen Ebene, sondern mit Vorstellungsbildern zu Zahlen und Zahlensätzen. Die Kinder sollen beispielsweise einem fiktiven Indianerkind die Zahlen null oder sechs ohne die üblichen Hilfsmittel wie Sprache und Ziffern erklären (siehe auch HUGHES 1986). Für den Term 7–2 entstanden im Rahmen einer Untersuchung u. a. folgende Bilder (Abbildung 5.5) (RADATZ 1991):

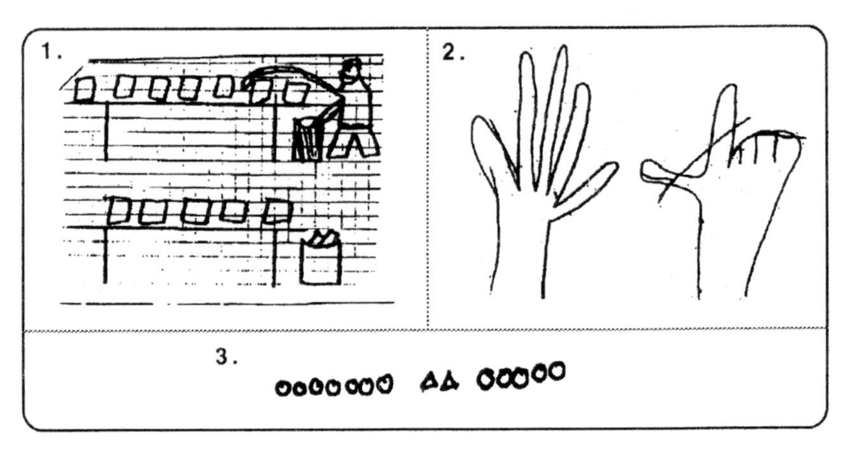


**Abbildung 5.5** Vorstellungsbilder zum Zahlensatz 7–2=5 (s. RADATZ 1991, S.84)

Allgemein ließen sich bei der Auswertung drei verschiedene Kategorien von Vorstellungsbildern erkennen. Darstellung der Gleichungen bzw. der Operationen

1. durch Handlungen oder Bildergeschichten,
2. im Sinne ‚traditioneller' Schulbuchvorstellungen oder als Mengenoperationen im Sinne des Vereinigens bzw. der Restmengenbildung,
3. in Form der Übertragung der Gleichung in eine andere symbolische Darstellung ohne explizite Verdeutlichung der Operation (siehe auch SELTER 1994, S. 55f.).

## Aufgaben erfinden

Zahlreiche Möglichkeiten ergeben sich durch den Ansatz, Kinder selbst Aufgaben erfinden zu lassen. Das Spektrum reicht vom Erstellen eines „Mathebuchs" für die neuen Erstklässler, über BÄRMANNs Zahlmonografien (BÄRMANN 1966) bis hin zum Erfinden von Aufgabenstellungen und Rechengeschichten (siehe z. B. DRÖGE 1991, BÖNIG 1991; RADATZ 1993, S. 32ff.; SELTER 1994).
BÄRMANN (1966, S. 157) lässt Kinder zu einem vorliegenden Ergebnis passende Aufgabenstellungen formulieren. Basis dieser Zahlmonographien ist die symbolische Darstellungsform, also die Verwendung von Zahlen (siehe auch HUGHES 1986).

Relativ weit verbreitet ist der Ansatz, Kinder selbst Aufgaben erfinden und lösen zu lassen (siehe z. B. BIRD 1991, S. 63 ff.; SELTER 1994; TREFFERS 1991; 1987, S. 197 ff., S. 260ff.).

*Wie könnte die Umsetzung dieser Methode im Unterricht aussehen?*

Da das freie Erfinden von Aufgaben recht unspezifisch ist, erscheint eine Eingrenzung erforderlich. Möglich wäre eine thematische Vorgabe. So ließen sich beispielsweise Aufgaben zum Thema „Auf dem Schulhof" oder „Wir fahren in den Zoo" ausarbeiten. Möglich wäre auch eine mathematische Eingrenzung der Gestalt, dass beispielsweise Minusaufgaben vorkommen müssen, oder dass die Null Teil der Aufgabe sein soll. In der reduziertesten Form mathematischer Vorgaben sind das Erfinden von Aufgabenstellungen und Zahlmonografien kaum noch unterscheidbar. Eine weitere Spezifizierung des Aufgabengenerierens ist das Erfinden von Rechengeschichten: Zu einem gegebenen Zahlensatz soll eine Kontextaufgabe erfunden werden. Dabei werden die Kinder angehalten, selbst eine Veranschaulichung zu einem Zahlensatz zu finden.

## Freies Schreiben und Schreibkonferenzen

GARLICHS und HAGSTEDT (1991, S. 102) beklagen, dass sich die Öffnung des Unterrichts zu stärkerem Endecken und eigenständigem Lernen vornehmlich auf den Lernbereich Sprache erstreckt. Grundlage für das Freie Schreiben waren die Arbeiten von SPITTA, die vom Freien Schreiben eine Entwicklung bis hin zu Schreibkonferenzen mit den Kindern vollzieht (siehe SPITTA 1988; 1989; 1992; 1993). Dabei sollen die Kinder ihren „selbst verfassten Text einer kritischen Öffentlichkeit zur Diskussion präsentieren, um aus der Reaktion der Teilnehmer Hinweise für eine eventuelle Überarbeitung des Textes zu erhalten" (SPITTA 1992, S. 13). In den Schreibkonferenzen stellen sich die Kinder ihre ersten Produktionen jeweils vor, bevor sie sich im Rahmen der Dichterlesung der gesamten Klasse stellen.

*Wie könnte man Schreibkonferenzen im Mathematikunterricht einsetzen?*

Sicherlich lassen sich Anleihen am Konzept der Schreibkonferenzen machen, die auch im Mathematikunterricht geeignet erscheinen. So könnte man Kinder über ihre Lösungswege schreiben oder Auffälligkeiten und

Gesetzmäßigkeiten beschreiben und begründen lassen. Die Konferenz und die Präsentation, welche bei Spitta nacheinander durchgeführt werden, ließen sich im Zusammenhang mit dem Mathematikunterricht vielleicht eher als Alternativen begreifen; entweder werden die Texte über Lösungswege in kleinen Gruppen besprochen, oder die alternativen Vorgehensweisen werden im Plenum diskutiert.

### Creative Writing

Abschließend wird eine Methode vorgestellt, die sich eher für differenziertes Arbeiten als für den Einsatz im Klassenverband eignet. „Creative Writing" (siehe u. a. McIntosh 1991) beschreibt ein weites Feld. Es geht um kreative Schreibformen verschiedener Art: Gedichte oder Geschichten über mathematische Themen, Briefe an Mathematiker etc. Für diese Methode gilt in besonderem Maße, dass es entscheidend ist, interessante Fragestellungen oder Themen zu finden. Sobald die Kinder mit dieser Art des Schreibens im Mathematikunterricht vertraut sind, werden sie sicherlich selbst auf viele Ideen kommen, die Sie als Lehrperson verblüffen werden.
Als Anregungen könnten die folgenden Beispiele dienen:

- Geometrieunterricht:
  Warum ich so froh bin, ein Quadrat zu sein.

- Arithmetik:
  Die 12 und die 13 treffen sich. Was haben sie sich zu sagen?
  Als uns ein Schlumpf im Mathematikunterricht besuchte. Geschichte über die Schwierigkeiten, die man mit vier Fingern in der Welt des dekadischen Systems hätte.

- Größenbereiche:
  Als ich heute Morgen aufwachte, waren meine Füße plötzlich einen Meter lang. Ich …

## 5.2.2 Forschungsansätze

Das Schreiben im Mathematikunterricht eröffnet auch für die Unterrichtsforschung ein interessantes Feld. Wenn im Folgenden vier Forschungsan-

sätze vorgestellt werden, wird nicht der Anspruch erhoben, das weite Feld der Ansätze zum Schreiben im Mathematikunterricht umfassend darzustellen. Vielmehr greifen wir vier Konzepte heraus, die durch ihre differierenden Ansätze, wie wir meinen, einen guten Einblick bieten.
Die vorgestellten Ansätze sind allesamt empirisch, das heißt, sie überschreiten rein konzeptionelle Überlegungen und arbeiten mit Daten, die im Unterricht erhoben wurden.

### Kernideen und Reisetagebücher[24]

GALLINs und RUFs Ansatz der „Didaktik der Kernideen" ist zwar vornehmlich als didaktisches Konzept und weniger als Forschungsansatz zu verstehen, darf in einem Einblick über Konzepte, der sich mit Schreibanlässen im Mathematikunterricht beschäftigt, jedoch nicht fehlen. GALLIN ist u. a. Mathematiklehrer, RUF unterrichtet Deutsch. Gemeinsam haben sie sich die Schnittstelle von Mathematik und Sprache als Betätigungsfeld erkoren. Im Anschluss an eine Erprobungsphase ihrer didaktischen Vorschläge in verschiedenen Schulklassen haben GALLIN und RUF auf der Basis dieser Ergebnisse in den Neunziger Jahren des vergangenen Jahrhunderts ihr pädagogisches Konzept entwickelt. Fundamental für ihren didaktisch orientierten Ansatz war ihre Kritik am segmentierenden (Mathematik)Unterricht, den sie als „geschlossenes System von Wissensvermittlung und Leistungskontrolle" (1998, S. 134) verstehen, welches sich anhand der Stoffvorgaben vorstrukturieren und planen lässt. Diese Didaktik sehen sie durch ein Modell repräsentiert, in dem eine Eingabe eine bestimmte Ausgabe erwarten lässt, und das durch die individuellen Aktivitäten der Lernenden nicht beeinflusst wird.
Dieser segmentierenden Didaktik stellen sie das Unterrichten mit Kernideen und Reisetagebüchern gegenüber, die sie auch als „dialogische Didaktik" bezeichnen (1998; 1998a; b). Dialogisches Lernen ist nach GALLIN und RUF von einem „Austausch unter Ungleichen" (1998a), zwischen Lehrendem und Lernendem geprägt. Unter ihrer interaktiven Perspektive sehen sie das Unterrichtsgeschehen als durch die wechselseitigen Beiträge der Beteiligten strukturiert und entsprechend prinzipiell offen angelegt.

[24] Die folgenden Ausführungen zu Kernideen und Reisetagebüchern stützen sich auf GALLIN /RUF 1991; 1993; 1998 und RUF / GALLIN 1998a; b.

Als „Instrumente“ (1998; 1998a; b) ihrer Didaktik bezeichnen GALLIN und RUF die „Kernidee“, den „Auftrag“, das „Reisetagebuch“ und die „Rückmeldung“.

- Kernidee
  Kernideen entwickeln sich aus der eingehenden Beschäftigung des Lehrenden mit einem mathematischen Sachverhalt. Ausgehend von dem, was die Lehrerin selbst an einem Thema interessiert und bewegt, versucht sie unter Berücksichtigung der Schülerperspektive eine Kernidee zu formulieren. Diese äußert sich in der Transformation der wissenschaftlichen Stofffülle in eine für Schüler interessante und handhabbare Situation. „Kernideen müssen also so beschaffen sein, dass sie in der singulären Welt der Schülerin oder des Schülers Fragen wecken, welche die Aufmerksamkeit auf ein bestimmtes Sachgebiet des Unterrichts lenken“ (1998). Kernideen stellen fachliche und emotionale Fixpunkte der Orientierung dar und lösen individuelle Lernprozesse aus (1993).

- Auftrag
  Kernideen wecken Interesse und lenken Energien auf eine Sache. Ob es allerdings zu einer intensiven und andauernden Beschäftigung mit der Kernidee kommt, hängt von der Formulierung des Auftrags ab. Aufträge sind die Aufforderungen an Kinder, sich mit konkreten Fragestellungen innerhalb der Kernidee auseinander zu setzen. Im Gegensatz zur herkömmlichen ‚Aufgabe’ lässt der Auftrag verschiedene Bearbeitungsmöglichkeiten nicht nur zu, sondern fordert sie geradezu ein.

- Reisetagebuch
  Im Reisetagebuch dokumentieren die Schüler ihr mathematisches Lernen schriftlich, um so „die Sicherung individueller Spuren in weitläufigen Stoffgebieten“ (1993, S. 5) zu unterstützen. Das Geschriebene soll im Gegensatz zu den hohen Ansprüche der traditionellen Schriftlichkeit nicht Verstandenes perfekt präsentieren, sondern den Prozess des Verstehens mit allen Schwierigkeiten und offenen Fragestellungen widerspiegeln. Es ist ein individuell geführtes Heft, das alle anderen Schülerhefte ersetzt.

- Rückmeldung
  Der Dialog zwischen Schüler und Stoff, der durch die Kernidee ausgelöst wurde, wird im „Austausch unter Ungleichen" (siehe oben) weitergeführt. In schriftlicher oder mündlicher Form gibt der Lehrende dem Lernenden Rückmeldung, fragt nach und regt zum vertiefenden Nachdenken an.

Kernidee, Auftrag, Reisetagebuch und Rückmeldung sind die vier konstituierenden Instrumente des dialogischen Unterrichts. Die Kernidee regt zu Aktivität auf Seiten des Lernenden an. In ihr spiegelt sich der persönlich vom Lehrenden rezipierte ‚Gehalt eines Fachgebiets' wider. Der Auftrag zielt auf Produktion, deren Spuren sich im Reisetagebuch finden. In der Rückmeldung schließlich gibt die Lehrperson Einblick in ihre Rezeption des Gelesenen. Damit löst sie wiederum einen neuen Produktionsschwung aus, der Zyklus beginnt von neuem. GALLIN und RUF haben diesen Zusammenhang der vier Säulen der Didaktik der Kernideen mit dem Wechsel von Produktion und Rezeption in Form eines Kreises grafisch dargestellt (Abbildung 5.6).

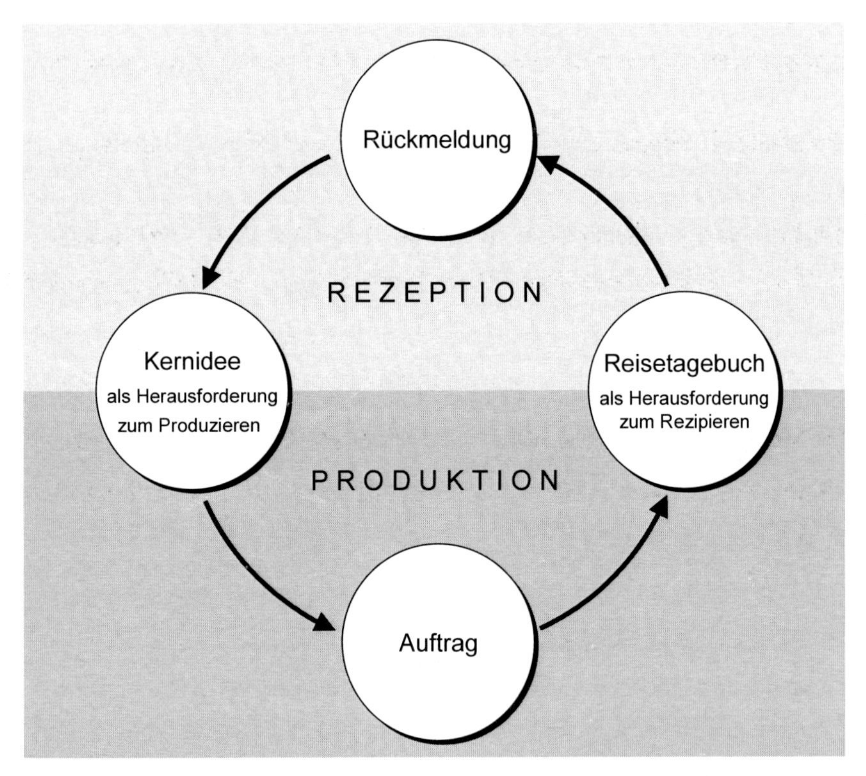


**Abbildung 5.6** Kreislauf des dialogischen Lernens nach GALLIN und RUF (1998; 1998a; b)

Der Gebrauch der geschriebenen Sprache spielt in der Didaktik der Kernideen eine zentrale Rolle. KRUMMHEUER nennt diesen Ansatz „schriftlich-reflektierend" (KRUMMHEUER 2002, S.91ff.) Die Gedanken der Kinder sollen durch das schriftliche Fixieren im Reisetagebuch nachvollziehbar gemacht werden und so dem Dialogpartner Lehrer ein adäquates Handeln ermöglichen. Gleichzeitig wird durch das Schreiben eine gewisse Distanz zum Eigenen geschaffen. Dieser Abstand schafft Raum für kritische Betrachtungen, Vergleiche und Weiterentwicklungen. „Beim Schreiben verlangsamen und klären sich Gefühle und Gedanken, nehmen Gestalt an und fordern zur Stellungnahme heraus. Wer schreibt, übernimmt in besonderer Weise Verantwortung für seine Position und öffnet sich der Kritik" (1993, S.5). So ist das Reisetagebuch gleichzeitig wichtiges Instrument zur Selbstbeobachtung und Selbstkontrolle, dient aber auch der Rückmeldung für die Lehrerin und ist Fundgrube neuer Kernideen, deren Bearbeitung sich lohnt.

## Journal Writing

Journal Writing war in Großbritannien und in den USA die didaktische Reaktion auf die als defizitär empfundene Praxis des Mathematiklernens und -lehrens (siehe u. a. WAYWOOD 1994). Ein geringes Verständnis der Schüler für mathematische Prozesse und Ideen, sowie eine primär passiv-rezeptive Lernhaltung wurde beklagt. Mit Journal Writing, einer speziellen Ausprägung aus der „Writing to Learn-" und „Writing Across the Curriculum" -Bewegung, wurde seit 1990 an Schulen versucht, das Lernen der Schüler zu intensivieren und die individuelle Konstruktion mathematischer Bedeutung zu fördern.

Journal Writing bzw. Mathematic Journals, dt. Mathematikjournale, sind eine Art individuelles Unterrichts-Tagebuch. Entsprechend werden sie im Englischen zum Teil auch „Log" genannt. In ihnen fixieren Schüler ihre Gedanken über mathematische Prozesse, über ihr mathematisches Lernen und ihre Lernfortschritte in schriftlicher Form. Kinder, die vorzugsweise den Rezipientenstatus des Bystanders oder bestenfalls des Aufmerksamen Zuhörers einnehmen, werden schreibend tätig. Das Journal ist ein gesondertes Heft, in welchem die Schüler jeweils im Anschluss an eine Unterrichtsstunde schriftliche Einträge vornehmen. Dabei wird meist Bezug auf Ereignisse oder Themen dieser Stunde genommen. Geschrieben wird im Allgemeinen in Prosa. Dabei geht es nicht darum, fein geschliffene druckreife Phrasen zu formulieren, sondern darum, mit eigenen Worten Ideen und Lösungswege zu beschreiben. In gewissen zeitlichen Abständen werden die Mathematikjournale vom Lehrer durchgesehen. Damit entsteht ein interessantes Produzenten - Rezipient - Verhältnis: Der Schüler wird zum ‚Sprechenden' und die Lehrperson übernimmt den Status des ‚Zuhörers' oder ‚Mithörers', je nachdem in welchem Stil das Journal geschrieben ist. Als fester Bestandteil des Mathematikunterrichts wird das Journal Writing auch im Rahmen von 20 bis 30% in die Leistungsbeurteilung mit einbezogen. Entsprechende Bewertungskriterien wurden entwickelt.

In der Praxis haben Mathematikjournale verschiedene Gesichter. Je nach Design dominieren eher offene oder stärker standardisierte Fragestellungen das Journal. Zunächst einige Beispiele für offene Aufgabenstellungen:

- Äußere dich zur vergangenen Stunde.
- Äußere dich zu einem bestimmten Thema.
  *Was kannst du über das Messen mit dem Lineal sagen?*
  *Was fällt dir zur Null ein?*
- Äußere dich zu mathematischen Ideen.
  *Wurde Mathematik entdeckt oder erfunden?*
- Beschreibe deine Lieblingsmathematikstunde.
- Wie können wir unsere Zeit im Mathematikunterricht am besten nutzen?
- Wie liest du in deinem Mathebuch?
- Wie gehst du bei Textaufgaben vor?
- Woher kommen die Regeln der Mathematik?
- Denke dir Fragen für die Klassenarbeit aus.

Als standardisierte Formen werden meist folgende Kategorien verwendet:

- Thema: Was haben wir heute gemacht?
- Lernen: Was war neu für dich, was hast du gelernt?
- Beispiele und Fragen: Nenne Beispiele für …
  Was hast du noch nicht verstanden?

> *Werden Sie selbst vom Rezipienten zum Produzenten und bearbeiten Sie oben stehende standardisierte Fragen in Bezug auf dieses Kapitel 5.2.*

In der Bearbeitung der standardisierten Aufgabenstellungen des Journal Writing haben Sie vermutlich einen ersten Eindruck davon gewonnen, wie mögliche positive Einflüsse solchen Arbeitens für Lehrpersonen und für Schüler zu beschreiben seien. Auf eben diesen potenziellen Nutzen des Konzepts für das mathematische Lernen konzentrierten sich im Anschluss an die Einführung der Arbeit mit Mathematikjournalen verschiedene, zum Teil groß angelegte Forschungsprojekte (siehe u. a. BORASI und ROSE 1989; CLARKE, WAYWOOD und STEPHENS 1993; WAYWOOD 1994). Mit lerntheoretischen Ansätzen wurde versucht, die Arbeit mit den Mathematikjournalen anhand großer, zumeist statistisch ausgewerteter Datenmengen systematisch zu untersuchen. Als konstitutiver Bestandteil des Unterrichts sollte das Journal Writing auch Teil der Leistungsbeurteilung sein, sodass im Rahmen der wissenschaftlichen Studien entsprechende Kriterien- und Beurteilungskataloge entwickelt wurden.

Eine der ersten Untersuchungen zu Mathematikjournalen wurde von BORASI und ROSE durchgeführt (BORASI und ROSE 1989). Sie versuchten, Aspekte des potenziellen Nutzens der Arbeit mit Mathematikjournalen nicht nur für die Schüler und für die Lehrpersonen, sondern auch für den Dialog zwischen Lehrendem und Lernendem auf zu zeigen. Ihre Studie stützte sich auf die Auswertung von Journalen von 23 Schülern und deren schriftliche Einschätzung über die Arbeit mit Journal Writing.
In Bezug auf die Schüler identifizieren sie einen therapeutischen Effekt, der durch das Reflektieren über Gefühle in Bezug auf Mathematik ausgelöst werden kann. Journal Writing kann ihrer Ansicht nach außerdem das mathematische Wissen verbessern, Problemlösekompetenzen intensivieren und eine Entwicklung in Richtung eines angemesseneren Verständnisses von Mathematik auslösen.
Der potenzielle Nutzen der Arbeit mit Mathematikjournalen für Lehrpersonen ergibt sich laut BORASI und ROSE aus der Möglichkeit einer zutreffenderen Bewertung der Schülerleistungen durch bessere Kenntnis über die einzelnen Schüler. Gleichzeitig sehen BORASI und ROSE durch die vermehrten Rückmeldungen durch die Schüler die Chance, sowohl den aktuellen Unterrichtsverlauf als auch langfristige Unterrichtskonzeptionen anzupassen und zu verbessern. Der direkte Austausch zwischen Schüler und Lehrperson ermöglicht den Ergebnissen der Studie zufolge individualisiertes Lehren und Lernen. Außerdem verbessere der respektvolle Dialog, den Lerner und Lehrende im Journal führen, die Lernatmosphäre.
Mit anderen Worten entstehen durch die verbesserte Informationslage Potenziale in Bezug auf treffendere Ad-hoc-Entscheidungen der Lehrerin und auf verbesserte Einschätzungsmöglichkeiten, wer zum Kreis der Bystander zählt oder wer Aufmerksamer Zuhörer ist.
Auf die Frage, wie dieser potenzielle Nutzen entsteht, können BORASI und ROSE, wie sie selbst bedauern, keine Antwort geben.

CLARKE, WAYWOOD und STEPHENS greifen in ihrer Studie auf eine wesentlich größere Stichprobe von 500 Schülern zurück. Damit versuchten sie nach ihren eigenen Angaben, die Repräsentativität der Aussagen zu erhöhen (CLARKE, WAYWOOD, STEPHENS 1993). Neben einigen ausgewählten Journalen waren die Befragungen der beteiligten Schüler und Lehrpersonen über das Journal Writing Grundlage der Auswertung. Für die Evaluation der Journale entwickelten CLARKE, WAYWOOD und STEPHENS ein Bewertungssystem, um Entwicklungen einzelner Schülerleistungen im Zusammenhang mit den Tagebucheintragungen festhalten und aufzeigen zu können. Es zeigte sich, dass die Ergebnisse trotz aller Bemühungen um Allgemeingültigkeit, beschreibend und situativ gebunden blieben. Die Einschätzungen über Nutzen und Effektivität des Journal Writing war in hohem Maße von den speziellen Gegebenheiten innerhalb einer Klasse abhängig. Bezogen auf das Lernen und Schülerleistungen wurden drei Kategorien von Mathematikjournalen identifiziert: Die Nacherzählung, die Zusammenfassung und der innere Dialog. Diese Klassifizierung verdeutlicht, wie Schüler im Prozess des Journal Writing Mathematik in immer persönlicheren und individuelleren Begriffen beschreiben.

## Eigenproduktionen

SELTER ist bemüht, die Vielfalt der Ansätze, die das Schreiben im Mathematikunterricht propagieren, zu bündeln und eine kohärente, theoretisch fundierte Konzeption des vermehrten Einsatzes von Eigenproduktionen im Mathematikunterricht der Grundschule zu entwerfen. Sein Ansatz steht im Zusammenhang der Reformen in der Grundschule hin zu mehr Mitgestaltungsmöglichkeiten der Schüler im Lehr- und Lernprozess. Dabei steht das „Produktive Lernen" (SELTER 1994, S. 6) mit seinen vier Leitgedanken, dem aktiv-entdeckenden Lernen, dem Lernen in Sinnzusammenhängen, dem Lernen auf eigenen Wegen und dem Lernen von und miteinander im Mittelpunkt (SELTER 1994, S. 6ff.; siehe KRAUTHAUSEN 1993). Als geeignete Form der produktiven Mitgestaltung identifiziert SELTER mündliche und schriftliche Äußerungen, die er „Eigenproduktionen" nennt[25]. Sowohl begrifflich als auch inhaltlich lehnt sich SELTER damit an das niederländische Unterrichtskonzept Realistic Mathematics Education an, in dem „Eigenproduktion" und „Eigenkonstruktion" zentrale Begriffe darstellen (siehe SELTER 1994, S. 30). Nach TREFFERS zielen Eigenkonstruktionen auf alle Aktivitäten der Kinder ab, in denen sie selbst Aufgaben erfinden, wohingegen Eigenproduktionen mit Reflexion in Verbindung zu bringen sind, also informelle Lösungsstrategien bei komplexen Problemstellungen bezeichnen (TREFFERS 1987, S. 260). Selter beschränkt sich auf den Begriff der Eigenproduktionen und beschreibt die aktive und initiative Einbringung eigener (Schüler-) Ideen und Gedanken

[25] In seinen Arbeiten beschränkt er sich im Wesentlichen auf die schriftliche Form von Eigenproduktionen. (Siehe z. B. SELTER 1994, S. 61)

in den Lehr- / Lernprozess und damit dessen produktive Ausgestaltung als deren Charakteristikum (SELTER 1994, S. 60ff.). Er identifiziert vier Varianten von Eigenproduktionen, die im Folgenden mit illustrierenden Beispielen dargestellt werden (SELTER 1994; 1997).

- ... selbst Aufgaben erfinden
  Hierbei werden die Schüler aufgefordert, für sich selbst oder andere Aufgaben zu erfinden und in der Regel auch selbst zu lösen (Abbildung 5.7). Diese Form der Eigenproduktionen wird im niederländischen Verständnis als Eigenkonstruktion bezeichnet. Ein typisches Beispiel wäre etwa die Aufgabenstellung, möglichst viele Aufgaben mit dem Resultat 100 zu finden (siehe BÄRMANNs Zahlmonografien (1966)).

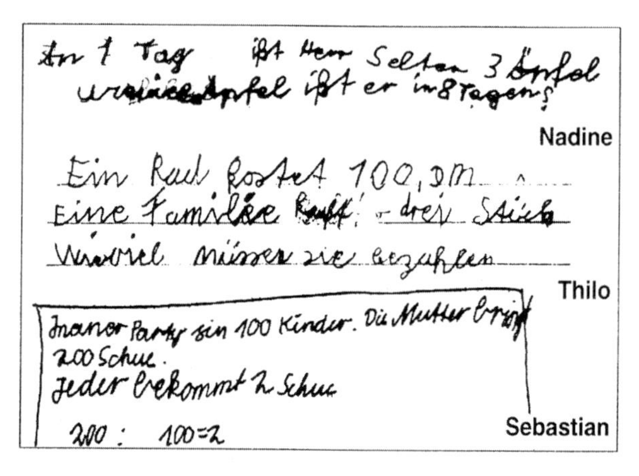


**Abbildung 5.7** Aufgaben erfinden (SELTER 1996, S.16)

- ... Aufgaben mit informellen Vorgehensweisen lösen
  Eigenproduktionen können als geeignete Möglichkeit angesehen werden, Entwicklungen eigener Lösungsstrategien zu unterstützen. Beispielsweise sollen Schüler komplexe Aufgabenstellungen mit ihren eigenen Methoden bearbeiten und über ihr eigenes Vorgehen und das der Mitschüler reflektieren (SELTER 1994, S. 62f.).

- ... Auffälligkeiten beschreiben und begründen
  Die Schüler sollen innerhalb eines Problemkontextes zugrunde liegende Auffälligkeiten und Gesetzmäßigkeiten entdecken, beschreiben und später auch benutzen (Abbildung 5.8).[26]

*Versuchen Sie, die Aufgabe zur Hunderter-Tafel aus Kapitel 2.4 in eine Schreibaufgabe umzuwandeln, in der Auffälligkeiten beschrieben und begründet werden müssen.*

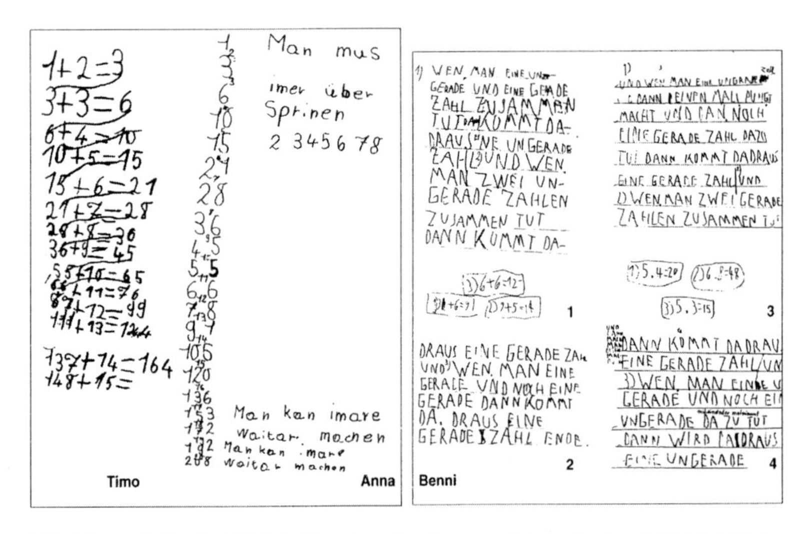


**Abbildung 5.8** Auffälligkeiten beschreiben und begründen (SELTER 1996, S. 18)

- ... über den Lehr-/Lernprozess schreiben
  Hierbei werden die Schüler dazu angehalten, über ihr eigenes Lernen zu reflektieren und ihre Gedanken zum Lerninhalt und Lernprozess zu verschriftlichen. Beispielsweise könnte es Aufgabenstellung sein aufzuschreiben, was sie in der vergangenen Unterrichtsstunde ge-

26 Siehe in diesem Zusammenhang auch WITTMANN / MÜLLER 1992; 1993.

macht haben, oder wann ihnen Mathematikunterricht besonders gut gefällt.

Im Gegensatz zu Borasi und Rose ist es für SELTER nicht das Ziel, den potenziellen Nutzen für den Einsatz eines solchen Konzeptes aufzuzeigen. Vielmehr stellt er Gründe dafür, Eigenproduktionen zum zentralen Element des Unterrichts zu erheben, systematisch zusammen und nimmt sie als *Basis* seiner theoretischen Überlegungen.
Selter verfolgt bei der Bearbeitung seiner Forschungsfrage einen kognitionspsychologischen Ansatz, bei dem die Schreib*produkte* der Kinder im Mittelpunkt stehen. Sein Lernbegriff ist individualistisch. Ihn interessiert, wie sich die Rechenfertigkeiten einzelner Schüler entwickeln, wenn in besonderer Weise angestrebt wird, dass die Schüler sich produktiv in den Unterrichtsprozess einbringen können. Dazu plant und organisiert er einen Unterrichtsversuch in einer zweiten Klasse. Zu Beginn des Beobachtungszeitraumes nimmt er eine Standortbestimmung vor, einen Prolog. Er beendet die Studie mit einem Epilog. Auf diese Weise versucht er, den Lernerfolg einzelner Kinder zu dokumentieren.
Die Konzeption des produktiven Lernens und die verstärkte Nutzung von Eigenproduktionen im Unterricht erweisen sich im Rahmen seines Unterrichtsversuchs als eine Lernumgebung, von der Schüler aller Leistungsniveaus profitieren. Seine Untersuchungen unterstützen seine Annahme, dass Schüler durch ihre Eigenproduktionen fähig sind, den Unterricht produktiv mitzugestalten. In der Sprache des Rezipientendesigns ließen sich diese Ergebnisse eventuell dahingehend interpretieren, dass sich der Kreis der Gesprächspartner und Aufmerksamen Zuhörer vergrößert hat.

### Interaktionsprozesse auf der Basis von Verschriftlichungen

FETZERS Forschungsarbeit fokussiert, anders als die beiden ersten Beispiele, nicht auf einen ausgewählten Schreibkonzept und dessen Lernförderlichkeit. Stattdessen rückt es die Frage in den Mittelpunkt, wie Schreibanlässe, wie eine ‚Lernumgebung des Verschriftlichens', die partizipativen Strukturen unterrichtlicher Interaktion beeinflussen. In diesem und im vergangenen Kapitel wurde deutlich, dass verschiedene Partizipationsstatus unterschiedlich lernförderlich sind. Die Lernsituation eines Paraphrasierers ist besser einzuschätzen als die eines Imitators, der Status des Aufmerksamen Zuhörers ist lernförderlicher als der des Bystanders. Aus FETZERS interaktionstheoretischem Ansatz spricht also der Versuch,

durch die Arbeit mit Schreibanlässen einen Einfluss auf die Entwicklung der Partizipationsstrukturen im Mathematikunterricht auszuüben. Innerhalb eines solchen unterrichtlichen Arbeitens gilt es, zwischen zwei Phasen zu unterscheiden. In der *Verschriftlichungsphase* bearbeiten je zwei Kinder eine problemhaltige Aufgabe und versuchen sodann, ihren Problemlöseprozess schriftlich zu fixieren. In der anschließenden *Veröffentlichungsphase* präsentieren und diskutieren sie ihre Werke (FETZER 2003; 2004a; 2004b).
Rückt man das interaktive Geschehen bei der Arbeit mit Schreibanlässen im Mathematikunterricht der Grundschule in den Blick, dann wird deutlich, dass sich durch den Einbezug des Schreibens und den Umgang mit von den Kindern selbst verfassten Werken die Interaktionsbedingungen verändern. Sowohl in der Verschriftlichungs- als auch in der Veröffentlichungsphase wird jeweils ein Interaktionsraum aufgespannt, der über die rein mündlich geführte unterrichtliche Interaktion hinausweist. Damit einher geht eine Modifikation der spezifischen Interaktionsstrukturen und eine Veränderung der Partizipationsmöglichkeiten. Die Beschreibung dieser veränderten Beteiligungsformen erfolgt zunächst für die Veröffentlichungsphase.

Partizipationsmöglichkeiten innerhalb der Veröffentlichungsphase werden zum einen durch die Tatsache beeinflusst, dass jeder an der Interaktion tätig-werdend oder rezeptiv beteiligte Schüler zuvor selbst über seinen eigenen Aufgabenbearbeitungsprozess geschrieben hat. Zum anderen haben die Kinder während dieser diskursiven Phase ihr eigenes, selbst erstelltes Werk buchstäblich vor Augen und zur Hand. Diese Bedingungen ermöglichen es auch vorwiegend rezipierenden Schülern, auf spezifische Weise in der Veröffentlichungsphase tätig zu werden. Dies ist bemerkenswert, weil sich die Veröffentlichungsphase in der Regel durch eine relativ entwickelte Rationalisierungspraxis auszeichnet (zur Komplexität der Argumentation innerhalb der Veröffentlichungsphase siehe FETZER 2004b). In solchermaßen entwickelten Unterrichtsphasen wird es den Kindern nicht nur aus dem Status des Aufmerksamen Zuhörers heraus möglich, zu Produzenten zu werden. Auch Bystander können aktiv tätig werden, in dem sie das Datum oder die Konklusion der dargestellten Argumentation bezweifeln, bestätigen oder paraphrasieren. Dieser „ad-hoc-Einstieg“ aus einem diffusen, potenziell niedrigen Aufmerksamkeitsgrad heraus wird durch die Verwendung des eigenen schriftlich fixierten Werkes als komparatives Element möglich: Das Vergleichen bzw. Abgleichen zwischen Tafelanschrieb und Handlungen anderer Kinder mit dem eigenen Text ermöglicht Äußerungen folgender Art: Ich habe das gleiche Datum / Ich bin von etwas anderem ausgegangen. Ich habe den gleichen / einen anderen Schluss gezogen. Auf diese Weise können Bystander nach einem einmaligen Tätig-Werden in den Status des Aufmerksamen Zuhörers ‚aufsteigen' oder sogar weiterhin aktiv am Aushandlungsprozess teilnehmen (vgl. FETZER 2004b).

Für die einer solchen Veröffentlichungsphase voran gehende Phase des Verschriftlichens wird im Folgenden lediglich *ein* interaktiver Aspekt in aller Ausführlichkeit rekonstruiert (zu weiteren Merkmalen des Interaktionsraums des Verschriftlichens siehe FETZER 2003). Es ist dies der Sachverhalt der ‚doppelten Interaktivität' von Verschriftlichungsprozessen. Dieser Aspekt wird herausgegriffen, da an ihm Veränderungen der Interaktionsstrukturen im nun nicht mehr rein mündlich basierten Interaktionsraum beispielhaft verdeutlicht werden können.
Grundlage für diesen Beitrag zu einer Interaktionstheorie des Verschriftlichens ist das linguistische Konzept der Zweidimensionalität von Mündlichkeit und Schriftlichkeit von KOCH und OESTERREICHER (KOCH / OESTERREICHER 1985; 1994; OESTERREICHER 1997; SÖLL 1985). Schriftlichkeit und Mündlichkeit werden im Zusammenhang mit diesem Konzept in zwei Dimensionen unterschieden: die mediale und die konzeptionelle. Auf der medialen Ebene wird von KOCH und OESTERREICHER (1985; 1994, OESTERREICHER 1997) dichotomisch zwischen phonischen und grafischen Sprachformen differenziert. Etwas ist entweder gesprochen und akustisch wahrnehmbar (phonisch) oder geschrieben und optisch vermittelt (grafisch). Die konzeptionelle Ebene dagegen ist ein Kontinuum zwischen dem konzeptionell schriftlichen und dem konzeptionell mündlichen Pol. Äußerungen können unabhängig von ihrer medialen Umsetzung konzeptionell betrachtet eher mündlicher oder eher schriftlicher Art sein. Eine medial grafische Sprachform, also geschriebene Sprache, kann mit anderen Worten einer mündlichen Konzeption entsprechen (Tagebucheintrag). Eine medial phonische, also gesprochene Äußerung, kann auf der konzeptionellen Ebene Merkmale von Schriftlichkeit aufweisen (Vorstellungsgespräch). „Mündlichkeit und Schriftlichkeit in diesem konzeptionellen Sinn werden im Folgenden auch als *kommunikative Nähe* und *kommunikative Distanz* bezeichnet" (OESTERREICHER

1993, S. 269). Die nachstehende Grafik (Abbildung 5.9) soll das zweidimensionale Modell von Mündlichkeit und Schriftlichkeit veranschaulichen. Die Beispiele dienen der Erläuterung.

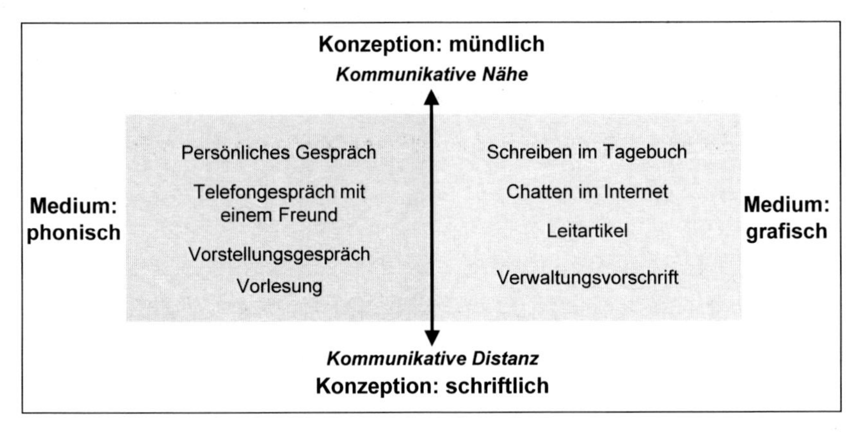


**Abbildung 5.9** Die zwei Dimensionen von Mündlichkeit und Schriftlichkeit

In Anlehnung an OESTERREICHER (1993, 271f.) spricht FETZER von „Verschriftlichung", wenn neben der medialen Umwandlung eine konzeptionell fundierte Veränderung vorliegt, die auf eine stärkere Distanzsprachlichkeit zielt. Das konzeptionelle Relief verändert sich dabei und Aspekte der dabei erforderlichen Aktivität des Sprechens sind betroffen. Unter „Verschriftung" wird dagegen eine medial zentrierte Umwandlung von Phonemen in Grapheme gefasst. Sie weist keine konzeptionellen Implikationen auf. Ein typisches Beispiel für Verschriftungen in diesem Sinne sind somit Transkripte. Die Phoneme der gesprochenen Sprache werden auf der konzeptionellen Ebene in Grapheme umgewandelt. Die meisten Schreibprozesse im Zusammenhang mit Schreibanlässen dagegen sind Verschriftlichungen: Nicht nur das Medium ändert sich, sondern auch konzeptionelle Verschiebungen in Richtung auf stärkere Distanzsprachlichkeit sind impliziert. Daher bezeichnen wir solche Prozesse des Schreibens im Mathematikunterricht präziser als „Verschriftlichungsprozesse". Dieser Ansatz ermöglicht es, interaktive Elemente des Verschriftlichungsprozesses, welche über die übliche mündlich geführte Unterrichtsinteraktionen hinausweisen, zu beschreiben.

Im Folgenden werden zwei Beispiele kollektiver Verschriftlichungsprozesse aus dem Unterrichtsalltag einer dritten Klasse unter dem speziellen Blickwinkel der konzeptionellen Dimension von Schriftlichkeit analysiert.

**Beispiel: „Vom Vittel die Hälfte"**

In der ersten Episode bearbeiten Sonja und Martina folgende Aufgabe: Verteilt 1000 Punkte gerecht an drei Kinder.

Spezifikum der Aufgabe ist es, die Vorgehensweise schriftlich zu erklären. Zunächst verteilen die beiden Mädchen 999 Punkte auf drei Stapel, welche die einzelnen Kinder repräsentieren. Im Anschluss beginnt Martina, den letzten Punkt in kleine Schnipselchen zu zerschneiden. Bis zu diesem Zeitpunkt wurden die Begriffe ‚Hundert' für ein Hunderterfeld, ‚Punkt' bzw. ‚Eins' für einzelne Punkte und ‚die Kleinen' für die durch das Zerschneiden des letzten Punktes entstehenden Schnipselchen hervorgebracht und können als geteilt geltend angesehen werden. Es entspinnt sich die folgende Interaktion:[27]

| | | |
|---|---|---|
| 901 | <M | Noch eins- . **eins**- |
| 902 | <S | *atmet hörbar aus* |
| 903 | S | Isch tu schon (ma) ma schreiben\ |
| 904 | | *Nimmt Stift in die rechte Hand, nimmt die Kappe ab,* |
| 905 | | *rückt das vor ihr liegende AB zu sich.* |
| 906 | | *Beugt sich über das Blatt, setzt mit der rechten Hand* |
| 907 | | *den Stift an.* |
| 908 | <M | W a rt e- z w e i i / |
| 909 | | *Schneidet weiteres Stückchen ab, welches* |
| 910 | | *vor M auf den Tisch fällt.* |
| 911 | <S | *Schaut kurz hoch, dann zu M.* |
| 912 | S | # Ja- wie tun aber die Kleinen **zä-heln** - |
| 913 | M | *Legt Schere auf dem Tisch ab, nimmt* |
| 914 | | *ein kleines Stückchen ihrer letzten Schneideaktion* |
| 915 | | *und legt es auf den linken Stapel.* |

[27] Das Transkript zu diesem Beispiel wurde zum ersten Mal in ACHENBACH 2002 veröffentlicht.

| | | |
|---|---|---|
| 916 | | *leise* zwei-+ |
| 917 | S | Ja- wie viel **tun** die Kleinen **zähln** - wie vi e l- |
| 918 | M | *Legt ein kleines Stückchen ihrer letzten* |
| 919 | | *Schneideaktion auf den mittleren Stapel.* |
| 920 | M | N Vittel- vom Vittel die Hälfte\ |
| 921 | | *Legt ein kleines Stückchen ihrer letzten* |
| 922 | | *Schneideaktion auf den rechten Stapel.* |

Die Benennung bzw. mathematische, zahlbezogene Wertigkeit der ‚Kleinen' scheint zentral im Zusammenhang mit dem Verschriftlichungsprozess zu sein. Während im Bereich der mündlich geführten face-to-face Interaktion die Bezeichnung ‚die Kleinen' als hinreichend betrachtet wurde, scheint ein Bestreben nach zunehmender Präzision, nach treffenderer Bezeichnungen und/oder tieferer gedanklicher Durchdringung des mathematischen Sachverhalts zu emergieren, sobald die Interaktion über den medial phonischen Bereich hinausweist. Sonjas Handeln lässt sich als Bestreben nach kontextfreierer Verständlichkeit und zunehmender Konventionalisierung ihrer individuellen mathematischen Ausdrucksmöglichkeiten deuten.

Martina antwortet mit einer Umschreibung der vollzogenen Handlung: „N Vittel- vom Vittel die Hälfte." Verstanden als eine Form der Nacherzählung zeugt ihre Äußerung von konzeptioneller Nähe. Ihre Wortwahl dagegen (Vittel, Hälfte) verweist eher auf konzeptionell schriftlichere Formen und kann somit als Versuch einer Konventionalisierung verstanden werden. Somit scheint sie sich auf der Schnittstelle zwischen situativer Sprache der Nähe und situationsübergreifender Sprache der Distanz zu bewegen.

Bei Verschriftlichungsprozessen lässt sich in Bezug auf die geschriebene Sprache ein qualitativer Umschwung von konzeptioneller Nähe und Mündlichkeit zu konzeptionell schriftlicheren Formen rekonstruieren. Mit dem Überschreiten der reinen face-to-face Situation scheint ein Bestreben nach zunehmender Präzision und Konventionalisierung der individuellen mathematischen Sprache verbunden zu sein. Die Suche nach treffenderen Bezeichnungen mag auch eine vertiefte Reflexion der fachspezifischen Inhalte zum Ausdruck bringen, denn um präziser beschreiben zu können, muss ein Sachverhalt genauer durchdrungen werden. Hiermit zeichnet sich ein Antwortrahmen für die von BORASI und ROSE noch nicht erklärbaren positiven Lerneffekt bei Verschriftlichungen ab.

**Beispiel: „Schreibschrift oder Druckschrift"**

Im zweiten Beispiel bearbeiten Marius und Rasputin folgende Aufgabe:
524 Wie viel fehlt bis 1000?

Wie in der Szene mit den beiden Mädchen ist auch ihre Aufgabenstellung neben dem Lösen das schriftliche Fixieren der Vorgehensweise. Dazu stehen ihnen u. a. Hunderterpunktfelder zur Verfügung.

Marius nimmt einen ersten spontanen Lösungsversuch vor. Er gelangt zu dem Ergebnis 486 und versucht, diese Lösung zu begründen. In seinem Erklärungsansatz nennt er gleichzeitig die Zahl 76. Von Rasputin in seinen Verbalhandlungen unterbrochen greift er nach den Hunderterpunktfeldern. Zunächst legt er fünf Hunderterfelder auf den Tisch und danach zwei weitere in einiger Entfernung, wobei letztere nach seiner Aussage die Zehner repräsentieren sollen. Daraufhin gerät er ins Stocken und fordert Rasputin auf, ihm zu helfen. Dieser scheint zunächst auf die Aufforderung des Freundes einzugehen, denn er bittet Marius, die genannten Zahlen zu wiederholen. Gleich darauf unterbricht er dessen Antwort jedoch. Es entspinnt sich die folgende Interaktion:

| | | |
|---|---|---|
| 123 | R | Warte- wir schreiben erst mal unseren **Namen** hin- |
| 124 | | *Hat AB zwischen seinen Armen auf dem Tisch liegen* |
| 125 | | *und versucht, die Kappe vom Stift zu nehmen.* |
| 126 | M | **Ich** schreib **selbst** meinen Namen (hin)- |
| 127 | R | In Schreibschrift oder *geflüstert* Druckschrift-+ |
| 128 | M | Schreibschrift- wir sind doch keine Babys mehr- |

Rasputin unterbricht Marius in dessen sich überschlagenden verbalisierten Überlegungen zur Lösung der Aufgabe durch einen Handlungsvorschlag bzw. eine alternative Strukturvorgabe hinsichtlich der sachspezifischen Bearbeitungssequenz: „Warte, wir schreiben erst mal unsere Namen hin". Marius geht ohne erkennbares Zögern auf die Kurskorrektur in Bezug auf den Aufgabenbearbeitungsprozess ein. Gleichzeitig verdeutlicht er dabei seine Vorstellungen und Anforderungen an die Beteiligungsstruktur (SPS) indem er seine Mitgestaltungsansprüche betont. Das Schreiben des eige-

nen Namens, also gleichsam das Signieren der eigenen Arbeit, gehört für ihn allem Anschein nach zu den prominenten und begehrten Tätigkeiten.
Statt auf Marius einzugehen schreitet Rasputin in der Bearbeitungssequenz weiter fort. Seine Worte „In Schreibschrift oder in Druckschrift" lassen sich als laut angestellte Überlegungen über die Wahl der Schriftart beim Schreiben der Namen interpretieren. Dieser Hinweis auf Diskussionsbedarf erscheint als Unterbrechung im Fortgang der bis dato unstrittig erscheinenden Bearbeitungs- und Beteiligungsstruktur. Neben der interaktiven Aushandlung von ATS und SPS wird zusätzlich ein Klärungsbedarf bezüglich der Darstellungsweise erkennbar. Ob dabei für Rasputin die Frage nach der Zweckmäßigkeit, der Ästhetik oder nach den Anforderungen der Aufgabenstellung im Vordergrund steht, lässt sich nicht eindeutig rekonstruieren.
Es entsteht der Eindruck eines mehrschrittigen Entscheidungsvorgangs, in dem neben der Rollenverteilung, dem Zeitpunkt und dem Gegenstand außerdem die Form des Schreibens geklärt werden müssen. Zunächst werden Aspekte der ATS, nämlich Zeitpunkt und Gegenstand des Verschriftlichens, interaktiv ausgehandelt. Dabei wird geklärt, was wann geschrieben werden soll: Die Jungen wollen ihre Namen aufschreiben, und zwar ‚als erstes'. Bezüglich der Beteiligungsstruktur (SPS), wer also wann etwas schreiben soll oder darf, wird keine explizite Einigung erzielt. Die Überlegungen hinsichtlich der Form bzw. der Darstellungsweise sind die einzigen, die ausdrücklich als Frage formuliert werden. Zusätzlich zu den bekannten Überlegungen bezüglich ATS und SPS werden Gedanken zur Form der Darstellungsweise und zur Präsentation relevant.
Marius geht sogleich auf diese ergänzende Fragestellung ein. Er scheint bei seiner unmittelbaren Reaktion die potenzielle Leserschaft im Blick zu haben: „Schreibschrift- wir sind doch keine Babys mehr." Der Nachsatz lässt sich dabei als Begründung seiner Äußerung interpretieren. In Bezug auf die Wirkung des Geschriebenen auf den Adressaten scheint für ihn zweifelsfrei der Schreibschrift der Vorrang vor der Druckschrift zu gebühren. Druckschrift bringt er in den Zusammenhang mit ‚Babys', assoziiert also möglicherweise Anfänglichkeit, ein Stadium, aus dem er sich selbst als entwachsen empfindet, und Unprofessionalität. Die in der Schwebe gehaltenen Stimme lässt seine Assoziationen im Zusammenhang mit einem Menschen, der in Schreibschrift schreibt, nachschwingen: Wer Schreibschrift schreibt ist fortgeschritten, Schreibschrift zeugt von Erwachsenheit, Professionalität und einem elaborierten Schreibvermögen.

Marius Äußerung lässt sich als Bestreben nach konzeptionell schriftlicheren Formen, die auf Konventionalisierung zielen, verstehen. Statt jedoch die distanzsprachlichen Merkmale explizit zu machen, fasst Marius suggestiv die Kennzeichen für konzeptionelle Mündlichkeit und eine wenig elaborierte mathematische Sprache zusammen, indem er eine assoziative Verknüpfung mit dem Begriff ‚Babys' herstellt. Seine Negation der Sprache der Nähe lässt sich wie folgt interpretieren: Das zu erstellende Schriftstück soll professionell wirken und den Autor als fortgeschrittenen Schreiber auszeichnen. An die Stelle von Vorläufigkeit mag Konstanz und Konventionalisierung treten. Statt konzeptionell mündlichen Formen sollen Reflexion und konzeptionelle Schriftlichkeit dominieren. Die zum Zeitpunkt des Verschriftlichens lediglich potenzielle Leserschaft wird bereits mitbedacht und in die Überlegungen zur Darstellungsweise mit einbezogen.

Die Interaktion mit dem Verschriftlichungspartner geschieht in mündlicher Form, ist also dem medial phonischen Bereich zuzuordnen. Die Interaktionspartner sind einander vertraut, zeitliche und räumliche Nähe sind gegeben. Entsprechend sind die Aushandlungsprozesse dieser face-to-face Situation von kommunikativer Nähe geprägt und im konzeptionell mündlichen Bereich zu verorten.
Die Auseinandersetzung mit den Anforderungen des Verschriftlichens dagegen zwingt die Interaktanten zu Überlegungen bezüglich der potenziellen Leserschaft. Der Adressatenbezug wird damit zum konstitutiven Bestandteil. Die Fragestellung hinsichtlich der Darstellungsweise weist über den Bereich der gesprochenen Sprache hinaus und lässt sich somit als mediale Erweiterung auffassen. Bei diesem Übergang zur medial grafischen Ebene gewinnt ein zweiter interaktiver Aspekt an Bedeutung, so dass Verschriftlichen im hier betrachteten Segment der kollektiven Textgenese als ein *zweifach interaktiver Prozess* verstanden werden kann. Die Interaktivität spiegelt sich einerseits im Ringen um Gemeinsamkeit, im Aushandeln von Bedeutungen und im kollektiven Argumentieren der am Verschriftlichungsprozess beteiligten Interaktanten wider. Um Gedanken und Ideen schriftlich fixieren zu können, muss eine konsensfähige Form der Verschriftlichung ausgehandelt werden. Andererseits interagieren die Schreibenden in einem kommunikativen Schreibstil gedanklich bereits mit der potenziellen Leserschaft. Dabei treten Aspekte der Darstellungsweise und Planung in den Vordergrund. Der Adressat ist zum Zeitpunkt des

Verschriftlichens nicht anwesend, muss also ‚gedacht' werden. Raum, Zeit und Vertrautheit der Partner sind von größerer Distanz geprägt als in der unmittelbaren Bedeutungsaushandlung der interagierenden Verschriftlichungspartner. Die Beschäftigung mit der Frage nach der Darstellungsweise des Geschriebenen zwingt gleichsam zur Auseinandersetzung mit konzeptionell schriftlicheren Formen. Diese kommunikative Distanz verdeutlicht, dass Überlegungen im Zusammenhang mit dem an Bedeutung gewinnenden Adressatenbezug und zur Darstellungsweise eher dem konzeptionell schriftlichen Bereich zuzuordnen sind.
Der Sachverhalt der doppelten Interaktivität von Verschriftlichungsprozessen lässt sich mit den Begrifflichkeiten des Konzepts der Zweidimensionalität von Mündlichkeit und Schriftlichkeit beschreiben. Die interaktiven Bedeutungsaushandlungen mit dem Verschriftlichungspartner erfolgen im medial phonischen Bereich, wohingegen die Interaktionen mit der potenziellen Leserschaft auf die grafische Ebene verweisen. Eine mediale Erweiterung zeichnet sich ab.
Die folgende Grafik soll die Zusammenhänge visualisieren (Abbildung 5.12).

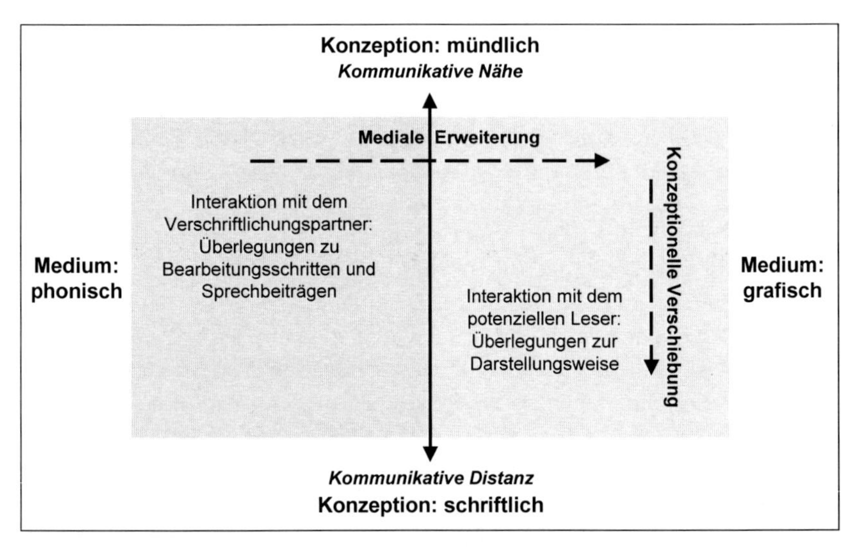


**Abbildung 5.12** Der Sachverhalt der doppelten Interaktivität von Verschriftlichungsprozessen im Kontext der Zweidimensionalität von Mündlichkeit und Schriftlichkeit

Anhand der Analysen dieser beiden Beispiele lässt sich im Kontext interaktiver Textgenese ein qualitativer Umschwung der Sprachformen von konzeptioneller Nähe und Mündlichkeit zu konzeptionell schriftlicheren Formen beobachten. Setzt man diese konzeptionelle Verschiebung zur doppelten Interaktivität kollektiver Verschriftlichungsprozesse in Beziehung, so lässt sich die Entwicklung zu distanzsprachlicheren Formen und stärkerer Konventionalisierung der mathematischen Sprache präziser beschreiben: Die face to face Interaktion der beteiligten Autoren während der Textgenese erlaubt eine Beschränkung auf eine Sprache der Nähe. Wird jedoch die Interaktion mit der potenziellen, nicht real anwesenden Leserschaft integrativer Bestandteil der Überlegungen, sehen sich die Interaktanten mit einer Auseinandersetzung mit distanzsprachlichen Mitteln und somit einer Integration konzeptionell schriftlicherer Formen konfrontiert. Auf diese Weise wird die Entwicklung innerhalb des konzeptionellen Kontinuums von der ausschließlichen Verwendung der Sprache der Nähe hin zu schriftlicheren Formen ausgelöst.
Gleichzeitig lässt sich auf der Basis der doppelten Interaktivität von Verschriftlichungsprozessen in Verbindung mit dem Konzept der Zweidimensionalität von Mündlichkeit und Schriftlichkeit die Genese einer vertieften mathematischen Reflexion genauer beschreiben: Die Entwicklung der Sprachformen innerhalb des konzeptionellen Kontinuums kann im Zusammenhang mit der zweifachen Interaktivität als auslösendes Moment zum Erreichen einer höheren Stufe der intellektuellen Möglichkeiten verstanden werden. In dieser Erweiterung des interaktiven Handlungsfeldes auf ‚lediglich gedachte' Kommunikationspartner mag das Potenzial des (mathematischen) Lernens im Rahmen von Verschriftlichungsprozessen liegen. Das Bestreben nach zunehmender Präzision und Konventionalisierung, das Bemühen um treffendere Beschreibungen, welches den Leser bereits mitbedenkt, schafft eine wachsende Komplexität. Die Notwendigkeit zur Auseinandersetzung mit konzeptionell schriftlicheren Sprachformen scheint in der Interaktion wie ein retardierendes Moment zu wirken. Hier lassen sich die Reflexionsanteile kollektiver Verschriftlichungsprozesse im Mathematikunterricht der Grundschule verorten.
Die Analysen verdeutlichen, dass die Partizipationsstrukturen durch eine Lernumgebung des Verschriftlichens beeinflusst werden. Stille Schüler, also Bystander und Aufmerksame Zuhörer überwinden den Rezipientenstatus und werden im Prozess des kollektiven Verschriftlichens tätig. Sie werden zu Produzenten von Äußerungen. Dieser Wechsel von Rezep-

tivität zu Produktivität antizipiert eine ganz bestimmte Unterrichtssituation. Es ist die Situation des Diskurses auf der Basis der geschriebenen Texte, also einer Phase, die als Textrezeption beschrieben werden könnte. Im Tätig-werden wird gleichsam eine rezeptive Situation vorweggenommen und abgebildet. Derartige Unterrichtsphasen sollten somit auch real zum Erfahrungsschatz von Schülern im Mathematikunterricht gehören.
Die zuvor beschriebenen Forschungsansätze vernachlässigen eine Unterscheidung in Verschriftungen und Verschriftlichungen. In unseren Augen ist es aber gerade diese Differenzierung, die zum Verstehen dessen, was im Schreibprozess abläuft und wo sich themenbezogene Lernprozesse verorten lassen, entscheidend beiträgt. Begreift man Schülertexte, Eigenproduktionen (SELTER siehe oben) oder Reisetagebücher (GALLIN / RUF siehe oben) als Verschriftungen, so erscheint das Schreiben im Hinblick auf mathematisches Lernen unerheblich. Überspitzt könnte man diese bloße Übertragung von Ideen vom einen in das andere Medium als ‚Disziplinierungsmaßnahme' oder ‚Beschäftigungstherapie' auffassen. Versteht man den Schreibprozess jedoch als Verschrift*lich*ungsprozess, bedeutet die mediale Umwandlung gleichzeitig konzeptionelle *Veränderung*. Indem eine Leserschaft schon im Verschriftlichungsprozess mitbedacht wird, bereitet man als Schreiber sein Werk entsprechend auf: Man möchte als Autor einen guten Eindruck hinterlassen und von zukünftigen Rezipienten des Textes als Experte wahrgenommen werden. Zu diesem Zweck kommen möglicherweise alltagspädagogische Vorstellungen (NAUJOK 2000) und ‚didaktische Bemühungen' in verschiedenster Hinsicht zum Tragen, um den Lesern das Verstehen zu erleichtern. Die mathematischen Ausdrucksmöglichkeiten werden weiterentwickelt, Präzisierungen und Strukturierungen werden vorgenommen, mögliche Darstellungsweisen bezüglich mathematischer Ideen gewinnen an Bedeutung.

# 6 Mathematiklernen unter den Bedingungen des Unterrichtsalltags

In den letzten Kapiteln haben wir theoretische Ansätze und dazu gehörige Analyseverfahren behandelt, die genauer helfen zu verstehen, wie Unterricht üblicherweise funktioniert, wie er abläuft. Wir haben dabei Mathematikunterricht als einen „Interaktionsraum" (SOEFFNER 1989, S. 12) begriffen. Dies ist der

unmittelbare Anpassungs-, Handlungs-, Planungs- und Erlebnisraum (ebenda S. 12)

für Schüler und Lehrerin. Der unterrichtliche Interaktionsraum entsteht durch die wechselseitig auf einander bezogenen Handlungen der Beteiligten und bezieht sich auf die Entwicklung des mathematischen Themas, die sich dabei entwickelnde Rationalisierungspraxis, die beschränkenden oder öffnenden Prägungen durch musterhafte Strukturierungen im Interaktionsverlauf und die Möglichkeiten der Schüler, sich tätig-produktiv oder nicht-tätig-werdend an ihm zu beteiligen.

Im Vorwort haben wir diesen Interaktionsraum als „Unterrichtsalltag" (siehe auch KRUMMHEUER 2002, S. 42) charakterisiert, dem man sich zum Einen ausgeliefert fühlt und den man zum Anderen so, wie er dann ist, mitgestaltet hat. Wir haben uns bemüht zu zeigen, in welcher Weise dieser Unterrichtsalltag Eigendynamik, Eigenständigkeit und Beständigkeit aufweist. Unterrichtsalltag ist nicht nur ein abgeleitetes und damit zu ‚erleidendes' Phänomen der (staatlichen) Institution Schule. Er ist auf der Ebene der konkreten Handlungen, als *Praxis*, ein weit gehend in seiner Entwicklung offener, *gestaltbarer* sozialer Prozess. Dabei wird sicherlich sein

Entwicklungspotenzial häufig nicht ausgeschöpft. Wie wir beispielsweise bei der Behandlung des Begriffs des Interaktionsmusters gesehen haben, kann dieses Potenzial der produktiven Neu- und Umgestaltung des Unterrichtsalltags fast vollständig zum Erliegen kommen.
Wir haben einen Ansatz zur Analyse dieses mathematischen Unterrichtsalltags in der Grundschule entwickelt. Er besteht aus fünf Dimensionen, zu denen wir einen theoretischen Hintergrund entwickelt und außerdem dargestellt haben, wie man konkret Unterricht entsprechend rekonstruieren kann.

1. Im Mathematikunterricht wird über mathematische Inhalte gesprochen. Dennoch zeigt sich auf Grund der unterschiedlichen Situationsdefinitionen von Schülern und Lehrerin, dass der Inhalt der Stunde mehrperspektivisch thematisiert wird und über Aushandlungen in der Interaktion eine geteilt geltende Deutung unter den Anwesenden angestrebt wird. Dieser Arbeitskonsens kann einen fragilen und interimistischen Charakter haben. Die Themenentwicklung kann man mithilfe der Interaktionsanalyse rekonstruieren.

2. In den Aushandlungen geht es u. a. darum, den eigenen Standpunkt überzeugend darzustellen und/oder sich von vernünftig begründeten Darstellungen Anderer überzeugen zu lassen. Dies kann in explizit-diskursiver oder auch in implizit-reflexiver Weise geschehen. Mathematischer Unterricht ist also durch eine Rationalisierungspraxis charakterisiert, die – wie im nächsten Abschnitt noch ausführlicher gezeigt wird – eine entscheidende Komponente zur Ermöglichung mathematischen Lernens darstellt. Die Rationalisierungspraxen lassen sich mithilfe der Argumentationsanalyse rekonstruieren.

3. Sodann wurde die Musterhaftigkeit von Unterrichtsinteraktion mit ihren teilweise Sinn entleerenden Interaktionsmustern und ihren lernförderlichen Argumentationsformaten besprochen. Schüler können bei der Themenentwicklung in steter Abhängigkeit von den Lehrerfragen ‚gehalten' werden oder schrittweise zu mehr Autonomie gelangen. Diese Regelhaftigkeiten können im ersten Zugriff mit einer Kombination von Interaktionsanalyse und Argumentationsanalyse rekonstruiert werden.

4. Durch die bewusste Zuwendung auf Unterrichtsprozesse als einer polyadischen Interaktion konnte eine Ausdifferenzierung der Sprechendenrolle im Sinne des Produktionsdesigns vorgenommen werden. Hierdurch wird es möglich, detailliert den Autonomiezuwachs von Schülern bei deren tätig-produktiven Partizipation an Argumentationsformaten zu rekonstruieren. Für die empirische Analyse ist entsprechend eine Partizipationsanalyse eingeführt worden.

5. Die bis hier aufgezählten vier Dimensionen beziehen sich auf die Analyse des unterrichtlichen Interaktionsraumes, der aktuell durch die Handlungen tätig werdender Schüler und die der Lehrerin entsteht. Im Unterricht gibt es zumeist aber auch einen beträchtlichen Anteil von nicht-tätig-werdenden Schülern. Auch sie partizipieren am Unterrichtsgeschehen und mithilfe des Begriffs des Rezipientendesigns wird es möglich, die unterschiedlichen Formen ihrer Beteiligung zu analysieren. Forschungsmethodisch lässt sich dies mit einer entsprechend erweiterten Interaktionsanalyse bewerkstelligen. Unterrichtsmethodisch kann man durch die Initiierung von Schreibanlässen die nicht-tätig-werdenden Schüler in die mathematische Themenentwicklung stärker integrieren.

Im Folgenden wollen wir diese fünf Dimensionen in einem Theorieentwurf zusammenfassen. Dabei werden wir auf zwei Formen von Optimierungen eingehen. Die eine betrifft die Reibungslosigkeit des Interaktionsverlaufes. Die andere bezieht sich auf Verbesserungsmöglichkeiten mathematischen Lernens.

> *Wir werden Ihnen bei diesen Ausführungen keine Arbeitsaufträge mehr geben. Sie können aber unabhängig von unseren Darstellungen versuchen, Ihre eigenen theoretischen Überlegungen anzustellen.*

Die fünf Dimensionen erlauben uns, die rekonstruierten Ausprägungen zum lehrerzentrierten Klassenunterricht und zur Schülergruppenarbeit als unterschiedlich optimierte Lernbedingungen anzusehen. Wir wollen diese Ausprägungen die „Modellierungen" des Unterrichtsalltags nennen. Hierdurch wollen wir u. a. zum Ausdruck bringen, dass die am Unterricht Beteiligten selbst diesen Alltag herstellen, ihn jeden Tag aufs Neue ‚model-

lieren'. Sie sind es also, die sich (gemeinsam) um Optimierungen bemühen – in verschiedener Hinsicht, wie wir im Folgenden ausführen.
Unterricht kann als ein relativ gleichförmig strukturierter Interaktionsfluss modelliert werden. Diese Realisierungsweisen sind das Klassengespräch im lehrerzentrierten Unterricht und die parallele Bearbeitung bei der Schülergruppenarbeit.
Die Grundstrukturen des Klassengesprächs bestehen dabei

1. aus Thematisierungen eines mathematischen Inhalts,
2. aus Argumentationen, die gewöhnlich nur aus Datum und Konklusion bestehen. (Garanten oder Stützungen werden, wenn überhaupt, durch die Lehrerin eingebracht),
3. aus Interaktionsmustern mit starren Rollenzuteilungen, wie sie z. B. von Bauersfeld 1978 als Trichter-Muster und von Voigt 1984 als Prozesserarbeitungsmuster oder als Prozeduren der Vermathematisierung (ders. 1992 und 1995) beschrieben werden,
4. aus Partizipationsmöglichkeiten für tätig-produktive Schüler, sogar im Status des Imitierers,
5. aus Partizipationsmöglichkeiten für die nicht-tätig-werdenden Schüler, sogar im Status des Bystanders.

Hinsichtlich der parallelen Bearbeitungen bei Schülergruppenarbeit müssen wir einige Modifikationen zu diesem fünf Punkten vornehmen, die vor allem damit zu tun haben, dass hier die Schüler an den mathematischen Aufgaben alleine arbeiten. Die Grundstrukturen der parallelen Bearbeitung bestehen:

1. aus Thematisierungen eines mathematischen Inhalts,
2. aus nicht explizierten Argumentationen,
3. aus zeitgleichen Bearbeitungen derselben Aufgabe mit wenig Austausch zwischen den Schülern,
4. aus ungeklärter inhaltlicher Auseinandersetzung mit der Aufgabe,
5. aus diffusen Rezipientenstatus zwischen Gesprächspartner, Zuhörer, Mithörer und Lauscher (Abgucker).

Das Klassengespräch werden sicherlich auch die Beteiligten nicht immer als optimal im Sinne der Ermöglichung einsichtsvoller mathematischer Lernprozesse ansehen. Dennoch ist es ‚Alltag' im mathematischen

(Grund)-Schulunterricht. Es setzt sich gleichsam ‚unter der Hand' durch. Bei der parallelen Bearbeitung in der Schülergruppenarbeit können Schüler zwar konzentriert und reflektiert ihre Aufgabe bearbeiten. Allerdings bleibt bei weniger erfolgreicher Auseinandersetzung mit der Aufgabe der Schüler auf sich allein gestellt. Eine planvolle argumentative Auseinandersetzung mit Mitschülern findet dann nicht statt. NAUJOK 2000 nennt diese Modellierung von Gruppenarbeit das „Nebeneinanderher-Arbeiten" (S. 172 ff).

Klassengespräch und parallele Bearbeitung stellen in gewisser Hinsicht eine Möglichkeit des Mathematiklernens dar. Vor allem führen sie zu einem „Energie- und Konfliktminimum" (BAUERSFELD 2000, S. 139) für die Kooperation zwischen Lehrerinnen und Schülern. In dieser Hinsicht wird hier im gelingenden Fall eine Optimierung erreicht. Der Unterricht fließt mit einem Minimum an ‚Reibungsverlusten' gleichmäßig dahin. Entsprechend bezeichnen wir diese beiden Modellierungen von Unterricht als „interaktionalen Gleichfluss".

Den zweiten Modellierungstyp von mathematischem Unterrichtsalltag nennen wir die „interaktionale Verdichtung". In ihm wird ein Maximum der kollektiven Lernbedingungen erreicht. Diese Optimierung steht in einem Spannungsverhältnis zum Energie- und Konfliktminimum des interaktionalen Gleichflusses. Diese Strukturierung ist gewöhnlich nicht von längerer Dauer, sodass nach einiger Zeit das interaktive Geschehen wieder in den Fluss von relativer Gleichförmigkeit zurückkehrt. Die interaktionale Verdichtung zeichnet sich im Lehrerunterricht und der Schülergruppenarbeit gleichermaßen aus durch:

1. Thematisierungen eines mathematischen Inhalts,
2. Hervorbringung von relativ umfassenden Argumentationen, in denen auch von Schülern Garanten und Stützungen produziert werden,
3. Entstehung von Argumentationsformaten, also Mustern mit dem Potenzial zur Verschiebung von Handlungsanteilen zu Gunsten der Lernenden,
4. Partizipationsmöglichkeiten für tätig-werdende Schüler mit unterschiedlichen Autonomiegraden, wie z. B. dem Traduzierer und/oder Paraphrasierer (bei Schülergruppenarbeit auch in Form von Quereinsteigern und Simultanspielern),
5. Partizipationsmöglichkeiten für die nicht-tätig-werdenden Schüler mit einer klareren Konturierung des Rezipientenstatus.

In einer solchen interaktionalen Verdichtung verbessern sich die Lernbedingungen grundlegend. Statt kurzen Argumentationsschlüssen von Datum auf Konklusion werden tiefer gehendere Begründungen hervorgebracht. Musterhafte Interaktionen verdichten sich zu Argumentationsformaten, die Handlungspotenziale für die Schüler eröffnen und somit deren Autonomiegrad erhöhen.
Sehr gut kann man den Unterschied zwischen einem interaktionalen Gleichfluss und einer interaktionalen Verdichtung im lehrergelenkten Unterrichtsgespräch in der Episode „13 Perlen“ nachvollziehen. Die erste Phase stellt einen interaktionalen Gleichfluss und die zweite eine interaktionale Verdichtung dar. Auch Phasen der kollektiven Textgenese können nach unseren Erfahrungen zu solchen Verdichtungen führen. Viele Bearbeitungsprozesse in der Schülergruppe verlaufen ähnlich wie das Klassengespräch im interaktionalen Gleichfluss als parallele Bearbeitungen: Der Anspruch an die (aufgabenbezogenen) Redebeiträge ist relativ gering und beschränkt sich vielfach auf den Austausch bzw. das Vorsagen von Ergebnissen oder Lösungstipps. Die Möglichkeit einer interaktionalen Verdichtung bei Schülergruppenarbeit scheint in der vertiefenden Auseinandersetzung innerhalb einer Gruppe vorzuliegen. In diesen fokussierten Gesprächen entfalten sich vielfach Argumentationen, die sowohl in der Breite als auch in der Tiefe ausgeprägt sind. Im Klassengespräch kommt der Lehrerin bei der Initiation und der Aufrechterhaltung der Podiumsdiskussion eine hervorgehobene Rolle zu, die wir in den Ad-Hoc-Entscheidungen und der Rotation erfasst haben. Die Initiation stabiler Bearbeitungssequenzen kann teilweise durch die Lehrerin erfolgen, geht aber häufig auf die Initiative eines Kindes zurück. Inwieweit diese Anfangsinitiation zu einer stabilen Bearbeitungssequenz führt, die zumindest vorübergehend auch argumentative Lernpotenziale enthält, liegt in beiden Fällen in der Verantwortung der beteiligten Kinder.
Unser Eindruck ist, dass sich die interaktionale Verdichtung im Unterrichtsalltag gleichsam gegen die im interaktionalen Gleichfluss erreichte Optimierung der sozialen und inhaltlichen Konfliktminimierung durchsetzen muss. Dies ist allem Anschein nach ein mitunter riskantes Unternehmen von gewöhnlich nur kürzerer Dauer. Diesen Zusammenhang haben wir im ersten Kapitel als Arbeitsinterim beschrieben. Den ‚Qualitätssprung' zur interaktionalen Verdichtung erhält man also nicht zum ‚Nulltarif': das Mitmachen wird intellektuell anspruchsvoller, das Zuhören ver-

langt mehr Aufmerksamkeit, die zu erzeugenden Begründungen werden vollständiger und expliziter, die Differenzen zwischen den Situationsdefinition treten deutlicher zu Tage und die Kooperationsbasis erscheint bedrohter. Lehrerinnen neigen allerdings dazu, das Zustandekommen derartiger ‚krisenhafter' Situationen im Sinne einer interaktionalen Verdichtung als ein persönliches Versagen denn als eine anzustrebende produktive Lernbedingung zu verstehen (siehe auch OEVERMANN 1996).
Die Initiierung einer interaktionalen Verdichtung hat möglicherweise eine stärkere Auswirkung auf das Rezipientendesign als auf das Produktionsdesign. Ohne einen solchen Verdichtungsprozess besteht das Rezipientendesign des Klassengesprächs aus dem oder den Gesprächspartner(n), der Lehrerin und einer hinsichtlich ihres Aufmerksamkeitsgrades undifferenzierten Restgruppe von Bystandern. Zumindest in dem von uns relativ intensiv untersuchten lehrerzentrierten Unterricht scheinen viele Eingriffe der Lehrerin darauf zu zielen, die Aufmerksamkeit der Rezipienten zu erhöhen (siehe KRUMMHEUER / BRANDT 2001). Hierdurch differenziert sich das Rezipientendesign in die Status der Gesprächspartner, Aufmerksamen Zuhörer und Bystander aus: Die hierfür nötigen strategischen Züge sind bei der Lehrerin relativ ausgefeilt. Erinnert sei hier an die Bemühungen der Lehrerinnen während der Podiumsdiskussion in der zweiten Phase der Episode „13 Perlen", bei der Episode „Mister X" und bei der Einführung der ‚Kringel'-Veranschaulichung für den Zahlensatz „5=3+2"
In der Schülergruppenarbeit wird durch parallele Bearbeitungsprozesse der interaktionale Gleichfluss definiert. Verdichtungen treten hier in Form von stabilen kollektiven Bearbeitungssequenzen auf. Allerdings stellen sie keine Optimierungsbemühungen für rezeptives Lernen dar. So wird man in der Episode „100:10-3" den drei Schülerinnen Sabrina, Esther und Aja nicht unterstellen wollen, dass sie bei ihren gemeinsamen Lösungsbemühungen auch an eine optimierte Rezeption für Mithörer und Lauscher gedacht haben. Gruppenarbeitsprozesse beziehen sich vor allem auf das Lernen durch tätige Partizipation.
Auf der Basis der beiden Modellierungen interaktionale Verdichtung und interaktionaler Gleichfluss können wir nun in tabellarischer Form die in diesem Buch gewonnenen Einsichten zusammenfassen (Tabelle 6.1).

<table>
<tr><th></th><th colspan="2">Interaktionaler Gleichfluss</th><th colspan="2">Interaktionale Verdichtung</th></tr>
<tr><td>(I)<br>Lehrer-<br>zentrierter<br>Unterricht</td><td>Klassen-<br>gespräch</td><td>*13 Perlen 1. Phase;<br>Trichter-Muster;<br>Zauberball;<br>Veranschaul. zu<br>6-3=3*</td><td>Podiums-<br>diskussion</td><td>*13 Perlen 2. Phase;<br>Mister X;<br>Zahlensatz 5=3+2*</td></tr>
<tr><td>(II)<br>Schüler-<br>gruppen-<br>arbeit</td><td>Parallele<br>Bearbei-<br>tungen</td><td>*(keine Beispiele)*</td><td>Stabile<br>kollektive<br>Bearbei-<br>tungs-<br>sequenz</td><td>*100:10-3;<br>Schokoladen-<br>Aufgabe;<br>Würfel-Aufgabe;<br>Hundertertafel-<br>Aufgabe;<br>Vom Vittel die<br>Hälfte-Aufgabe;<br>Schreibschrift oder<br>Druckschrift-<br>Aufgabe*</td></tr>
<tr><td>1.<br>Themen-<br>entwicklung</td><td colspan="4">i. a. mehrperspektivisch; Situationsdefinitionen werden auf einander abgestimmt; es entsteht ggf. ein Arbeitskonsens oder ein Arbeitsinterim; bei der parallelen Bearbeitung können Aushandlungsprozesse vollständig entfallen</td></tr>
<tr><td>2.<br>Rationali-<br>sierungs-<br>praxis</td><td colspan="2">Klassengespräch:<br>einfache Argumentationen<br>Datum → Konklusion;<br>Garanten werden, wenn überhaupt, von L. eingebracht;<br>Parallele Bearbeitung:<br>nicht explizierte Argumentationen</td><td colspan="2">vollständigere Argumentationen mit Garanten und evtl. Stützungen, die auch von Schülern hervorgebracht werden</td></tr>
<tr><td>3.<br>Muster und<br>Formate</td><td colspan="2">Klassengespräch:<br>stabile Muster wie Erarbeitungsprozessmuster;<br>Schüler abhängig als Antwortengeber;<br>Parallele Bearbeitung:<br>Nebeneinanderher-Arbeiten</td><td colspan="2">entwicklungsfähige Argumentationsformate; Schüler zunehmend autonomer</td></tr>
</table>

| | | |
|---|---|---|
| **4. Produktions-design** | Klassengespräch: Schüler vorwiegend als Imitierer; Parallele Bearbeitung: ungeklärte inhaltliche Auseinandersetzung | unterschiedl. Partizipationsstatus, wie z. B. Paraphrasier und Traduzierer; bei Gruppenarbeit auch als Quereinsteiger und Simultanspieler |
| **5. Rezipienten-design** | diffuser Status bei den nicht-beteiligten Schüler Klassengespräch: Bystander; Parallele Bearbeitung: Gesprächspartner, Zuhörer, Mithörer und Lauscher | klarere Konturierung bei den nicht-beteiligten Schüler (Aufmerksame Zuhörer) |
| **Effekt** | Minimierung von Konflikten und Energie | Optimierung der kollektiven Lernbedingungen |

**Tabelle 6.1** Modellierungen in Bezug auf Sozialformen und Unterrichtsdimensionen

Wir möchten den entwickelten Ansatz abrunden, indem wir zeigen, wie mit den eingeführten fünf Dimensionen Möglichkeiten des Mathematiklernens unter Alltagsbedingungen beschrieben werden können. Wir stellen also eine Theorie des Mathematiklernens in der Grundschule vor.
In den theoretischen Reflexionen über Lernen in der Schule werden unterschiedliche Positionen vertreten. Einige Theorien verstehen sich als konstruktivistisch und tendieren dazu, die meisten Aspekte von Lernvorgängen in das Innere des einzelnen Individuums zu verorten. Andere Theorien bezeichnen sich ebenfalls als konstruktivistisch, hier aber werden die zu erlernenden Inhalte in der sozialen Interaktion, also *zwischen* Individuen, konstruiert. Natürlich gibt es dann auch Versuche, diese beiden konstruktivistischen Sichtweisen zu verbinden (siehe z. B. COBB / YACKEL 1998). In anderen Arbeiten wird dagegen stärker der kulturell-sozialisatorische Aspekt von (Mathematik-)Lernen betont: Mathematik lernt man durch Partizipation an einer Kultur des Mathematisierens, in der man ein zunehmend kompetenteres Mitglied wird. Hier wird dann der Lernprozess als ein eher rezeptiver Vorgang verstanden (siehe z. B. SFARD 1998). SEEGER 2003 hat dieses Spektrum von theoretischen Perspektiven in einer Tabelle geordnet (S. 122).

| | individuell | sozial |
|---|---|---|
| **konstruktiv** | A | B |
| **rezeptiv** | C | D |

**Tabelle 6.2** Vierfeldertafel zu theoretischen Perspektiven auf das Lernen

Gemäß dieser Zuordnungen hat man für jede Lerntheorie u. a. die folgenden zwei Fragen zu bedenken: Inwieweit

1. findet Lernen als ein individueller bzw. sozialer Prozess statt und
2. erfolgt Lernen durch aktive Wissenskonstruktion bzw. Rezeption von Wissensdarstellungen?

Es folgt *unsere* Antwort auf diese Fragen.[28]
Wir verstehen Lernen in der *Grundschule* als einen sozialen Prozess, der in der Interaktion zwischen Lehrerin und Schülern konstituiert wird, d. h. aus diesen Interaktionen hervorgeht. Prozesse des Mathematiklernens fußen dabei auf der Koordination der mentalen Aktivitäten von mindestens zwei Individuen durch interaktives Aushandeln und sind deshalb nur als *kollektive* Prozesse denkbar (MILLER 1986, S. 17; siehe auch BRUNER 1990, KRUMMHEUER 1992).
Einschränkend wird angemerkt, dass nicht *jeder* Lernprozess mit einem kollektiven Prozess verbunden sein muss. Insbesondere erwachsene Menschen können Literatur heranziehen, sich schriftliche Notizen machen und für sich dabei etwas klären. Auch hier können Lernprozesse stattfinden. Wir halten diese dialogunabhängige Wissensaneignung jedoch für eine späte Phase der individuellen Aneignung eines Wissensgebietes (MILLER 1986), die nur in wenigen Fällen das Lernen im Grundschulalter betrifft. Wie man beispielsweise am Phänomen des Mutterspracherwerbs erkennt, sind Kinder bereits in sehr frühen Entwicklungsphasen zu äußerst komplexen und unausweichlich dialogisch strukturierten Lernprozessen fähig. Die erste Frage, inwieweit Lernen als ein individueller bzw. sozialer Prozess stattfindet, wird also mit Blick auf das Mathematiklernen in der Grundschule entwicklungsbezogen beantwortet: Erste Lernversu-

28 Die folgenden Ausführungen sind eine Weiterentwicklung der Darstellung in KRUMMHEUER / BRANDT 2001, S. 72 ff.

che auf einem Wissensgebiet sind sozial konstituiert und Lernprozesse in späteren Phasen der Wissensaneignung auf einem Gebiet, die eventuell erst nach der Grundschulzeit kommen, können auch individuell, gleichsam ‚im stillen Kämmerlein', stattfinden.

Kommen wir zur zweiten Frage. Insbesondere der lehrerzentrierte Klassenunterricht verkörpert die institutionalisierte Strategie der Ermöglichung des Lernens für Viele durch das Tätigwerden von Wenigen. D. h. alles, was Lehrerin und Schüler in einem solchen Unterrichtsgespräch sprachlich und handelnd produzieren, ist nicht nur ein Interaktionsprozess *zwischen* diesen Agierenden mit möglichst lernförderlicher Wirkung für die Gesprächspartner der Lehrerin, sondern zugleich auch ein möglichst lernförderlicher Interaktionsprozess *für* die nicht-agierenden Rezipienten des gesamten Vorganges. Die Gruppenarbeit unter Schülern ist dagegen eher als ein interaktiver Ort der Ermöglichung von Lernen durch tätige Partizipation konzipiert. Aber das Rezipientendesign zur Gruppenarbeit enthält auch Zuhörer, Mithörer und gegebenenfalls Lauscher, für die in diesem Status auch Lernbedingungen mit geschaffen werden. Die zweite Frage beantworten wir also in der Weise, dass eine Theorie des Lernens unter den Alltagsbedingungen von Schule sowohl konstruktive als auch rezeptive Lernformen berücksichtigen muss (siehe auch BAUERSFELD 2003).

Nach diesen Vorbemerkungen wollen wir unsere Theorie des Mathematiklernens in der Grundschule ausformulieren. Die in den vorangehenden Kapiteln dargelegten Dimensionen erlauben Mathematikunterricht als einen Interaktionsraum zu konzipieren, in dem mit argumentativen Mitteln mathematische Themen entwickelt werden und an dem sich die Schüler in regelhaften Interaktionsstrukturen beteiligen. Diese *thematisch-argumentativ-partizipatorische* Struktur verstehen wir als die im Unterrichtsalltag typischerweise hervorgebrachte Bedingung für das Mathematiklernen. Innerhalb dieser Struktur wollen wir nun darstellen, wie Lernen ermöglicht wird.
Dazu greifen wir nahe liegender Weise auf den Formatbegriff aus der dritten Dimension zurück. Denn er ist von BRUNER bereits für die Beschreibung von Lernprozessen zum Muttersprachererwerb eingeführt worden. Die zentrale Idee ist dabei, dass ein Kind in einer über längere Zeit relativ stabilen Interaktionsstruktur partizipieren kann und je nach Lernfortschritt neue Handlungsschritte in dieser Struktur übernimmt. Dies

heißt aber auch, dass die anderen in diesen Interaktionen Beteiligten ihm diese Möglichkeit des Autonomiezuwachses eröffnen und nicht beschneiden. Die Rollenverschiebung erfolgt also nicht automatisch, sondern beruht auf einem mehr oder weniger einfühlsamen Ermöglichen und Zurücktreten der vormals aktiveren Beteiligten, wie beispielsweise der Lehrerin. Lernen in einem Format ist also ein zutiefst soziales und dialogisches Geschehen. Für Lernen in der Schule muss allerdings der dyadische Charakter des BRUNERschen Formatbegriffs überwunden werden, da die typische Interaktionsstruktur im Unterricht polyadisch ist.
Mit Hilfe der oben entwickelten fünf Dimensionen können wir zudem genauer darauf eingehen,

(a) worauf sich ein solcher Autonomiezuwachs bei einem mathematischen Lernprozess bezieht und
(b) wie sich derartige Formen von ‚mehr' Autonomie in der Interaktion ausdrücken.

Gehen wir zur Bearbeitung des Punktes (a) von der für den Mathematikunterricht typischen Inhaltspräsentation durch eine Aufgabe aus. Schüler sollen also Aufgaben bearbeiten und auf diese Weise ein Stück Mathematik lernen. Wie wir in der Auseinandersetzung mit Interaktionsmustern erfahren konnten, ist die erfolgreiche Teilnahme an der Hervorbringung der lösungsdienlichen ATS nicht ein ausreichender Indikator für Lernzuwachs. Die Muster erlauben ‚rege' Beteiligung, ohne dass eine vertiefte inhaltliche Auseinandersetzung mit der mathematischen Fragestellung Voraussetzung ist. Dieses Blatt wendet sich jedoch, wenn man weniger auf den *performativen* Aspekt (Durchführung von Bearbeitungsschritten; ATS) sondern eher auf den *argumentativen* Aspekt der Interaktion (Rationalisierungspraxis) achtet. Werden Aufgabenbearbeitungsprozesse im Mathematikunterricht hervorgebracht, die nicht nur die *ATS* sondern auch die *Rationalität* des Vorgehens verdeutlichen, dann kann sich eine Zunahme von Autonomie auch in der wachsenden Übernahme von argumentativen Anteilen in der Interaktion ausdrücken. Dies geschieht durch Partizipation an Argumentationen, durch welche die rationalen Strukturen des neuen, zu erlernenden mathematischen Gegenstandes expliziert werden. Da derartige Argumentationsprozesse auf das gemeinsame Mitwirken von Lehrendem und Lernenden zielen, sprechen wir auch von einer „*kollektiven* Argumentation" (MILLER 1986, S. 23; siehe auch KRUMMHEUER 1992,

S. 116 ff.). In dem Begriff des Argumentationsformats haben wir den Ansatz vom Lernen durch Partizipation an Formaten und den von der in diesen Formaten sich etablierenden Rationalisierungspraxis zusammengeführt.

Für die Analyse von mathematischen Lernprozessen ist es somit notwendig, auf die Rationalisierungspraxis bei Aufgabenbearbeitungsprozessen einzugehen. Insbesondere im Hinblick auf den Unterricht in der Grundschule erweist es sich als unangemessen, hier prinzipiell von einer diskursiven Praxis, das heißt einer explizit strittigen Situation, auszugehen. Vielmehr etablieren sich reflexive Rationalisierungspraxen, in denen der argumentative Aspekt der Interaktion in der ATS mit enthalten ist. Als besonders typisch mag man in dieser Praxis das narrative Argumentieren ansehen. Hier wird u. a. das ATS-Merkmal der spezifischen Sequenzialität einer Aufgabenbearbeitung auf das narrative Merkmal der Sequenzialität einer Geschichte übertragen. Die Geschichte ist dabei aber nicht die der Aufgaben*lösung* sondern die der Lösungs*begründung*. Der Plot ist die Argumentation – gleichsam die ‚Moral' von der Geschichte.

Kommen wir nun zum Punkt (b), den wir nun bereits ein wenig präzisieren können: Wie drücken sich Formen von ‚mehr' Autonomie in Argumentationsformaten aus?

An der Hervorbringung eines Argumentationsformats kann ein Schüler *tätig-produktiv* durch relevante Gesprächsbeiträge partizipieren. Er kann an diesem Hervorbringungsprozess ebenso *nicht-tätig-werdend* partizipieren. Für die hierzu prinzipiell polyadisch zu strukturierende alltägliche Unterrichtsinteraktion ist somit charakteristisch, dass eine Äußerung gewöhnlich nicht nur an den unmittelbaren Gesprächspartner, sondern auch an einen größeren Rezipientenkreis gerichtet ist. Dies ziehen die Sprechenden, insbesondere die Lehrerin im Lehrerunterricht, mehr oder weniger strategisch in ihr Handlungskalkül mit ein. Lernen wird im Unterricht also gewöhnlich zugleich durch Aktion und Rezeption zu ermöglichen versucht.

Die Art der Beteiligung von Personen an der Produktion einer Äußerung kann man mithilfe der Begriffe des Produktionsdesigns beschreiben. Analog ermöglichen die Begriffe des Rezipientendesigns die Rekonstruktion der Art der Rezeption einer sprachlichen Produktion. Hiermit können wir zwischen der Bedingung der Möglichkeit des Mathematiklernens im Rahmen eines realisierten Produktionsdesigns und hinsichtlich des dabei auftretenden Rezipientendesigns unterscheiden.

Zunächst gehen wir auf die tätig-produktiven Schüler ein. Bei ihnen dokumentiert sich Autonomiezuwachs in einem polyadischen Argumentationsformat vor allem hinsichtlich zweier Aspekte: Zuwachs bei der Übernahme von

1. argumentationstheoretischen Kategorien während der Produktion einer möglichst vollständigen Argumentation und
2. Verantwortlichkeit und Originalität hinsichtlich der Idee einzelner argumentativer Gesprächszüge.

Wir können für den Autonomiezuwachs in Argumentationsformaten Anfangs-, Zwischen- und Endpositionen beschreiben:

- So halten wir die Produktion einer einzigen TOULMIN-Kategorie im Status des Imitierers für eine untere Grenze im Spektrum von Autonomiegraden. Wenn beispielsweise Wayne als dritter Schüler auf die Aufgabe 3+3-3+5 als Lösung 8 nennt, dann wird von ihm die implizite Konklusion im Status eines Imitierers produziert.

- Zwischenstadien im Prozess des Autonomiezuwachses sehen wir gegeben, wenn eine oder mehrere TOULMIN-Kategorien im Status des Paraphrasierers und/oder Traduzierers erzeugt werden. Als Beispiel sei hier an Esther in der Gruppenarbeit zur Aufgabe 100:10-3 erinnert, in dem sie den Garanten der erzeugten Argumentation als Paraphrasiererin produziert.

- Eine Art von Endstadium tritt ein, wenn die Argumentation vollständig von einer Person im Status eines Kreators hervorgebracht wird. Dabei halten wir es allerdings nicht für zwingend erforderlich, dass auch eine Stützung thematisiert wird. Jarek kann man in der 2. Phase der Episode „13 Perlen“ als einen solchen autonom argumentierenden Schüler verstehen, als er seine Begründung für seine Rechnung ‚13 minus 0 ist gleich 7’ im Rahmen eines Argumentationsformats entfaltet, das auf einer Veranschaulichung fußt.

Wie sieht nun der Autonomiezuwachs bei nicht-tätig-werdenden Schülern aus? Zunächst gehen wir auch bei ihnen davon aus, dass Lernen durch Partizipation an Argumentationsformaten stattfindet. Auch sie lernen

Mathematik durch die wachsend autonome Einsicht in die Rationalität des aktuellen mathematischen Handlungszusammenhangs. Nur erzeugen diese Schüler diese Handlungsschritte nicht mit. Somit können wir in einer solchen Situation auch nichts über ihren Lernfortschritt aussagen. Generell denken wir nicht, dass sie sich in noch früheren Entwicklungsstadien befinden, als wir für die tätig-produktiven Schüler genannt haben. Als ein Beispiel für ein derartiges rezeptives Lernen mag man sich die Schüler aus der Episode zur Veranschaulichung des Zahlensatzes „5=3+2“ vorstellen, die *nicht* im Chor mitsprechen aber dennoch die Argumentationsweise mithilfe der ‚Kringel'-Veranschaulichung verstanden haben.
Im fünften Kapitel haben wir über alternative Externalisierungsmöglichkeiten nachgedacht, die auch für diese nicht-tätig-werdenden Schülern ein Ausdrucksmittel ihres Lernzuwachses werden könnten. Hier sind wir insbesondere auf Verschriftlichungen eingegangen. In Form von Hausarbeiten und Klassenarbeiten existieren sie auch im traditionellen Unterrichtsalltag. Sie stellen allerdings nicht grundsätzlich eine Lernermöglichung dar. Mit dem Begriff der doppelten Interaktivität können wir aufzeigen, unter welchen Bedingungen Verschriftlichungen Bedingungen des Mathematiklernens darstellen. Sie müssen in gewisser Weise ein Argumentationsformat nachstellen und damit der antizipierten Leserschaft dokumentieren, in welchem Autonomiegrad sie ihre Aufgabenbearbeitung begründen können.

Im nächsten Kapitel wollen wir auf der Grundlage der dargestellten Lerntheorie auf die konkrete Gestaltbarkeit von Mathematikunterricht eingehen. Wir werden ausführen, dass Lehrerinnen eine entsprechend entwickelte Interpretationskompetenz benötigen, um einerseits in der eigenen Unterrichtspraxis die Modellierungen zu erkennen und um andererseits den Gleichfluss durch geeignete Unterrichtsführung zu irritieren. Wir zielen also auf das Entwickeln von Handlungsalternativen ab, statt Handlungsanleitungen vorzugeben.

# 7 Gestalten durch Interpretieren

Wir möchten in diesem Abschlusskapitel auf die Frage nach der Gestaltbarkeit des mathematischen Unterrichtsalltags eingehen. Wir eröffneten dieses Buch im Vorwort mit dem Hinweis, dass sich Lehrende oft diesem Alltag ‚ausgeliefert' fühlten und er sich oft gegen die eigenen gut gemeinten und detailliert vorbereiteten Absichten durchsetzte. Im ersten Abschnitt (7.1) gehen wir diese Problematik noch einmal grundsätzlich an und verdeutlichen, wie man sich unter dem dargestellten Theorieansatz dazu verhalten kann. In Abschnitt 7.2 stellen wir dann konkret dar, wie wir diesen Ansatz in den Übungen zur Vorlesung über dieses Buch umsetzen.

## 7.1 Handlungsanleitung oder Handlungsalternativen?

In den vorhergehenden Kapiteln haben wir uns u. a. recht detailliert mit Episoden aus dem mathematischen Unterrichtsalltag der Grundschule auseinander gesetzt. Dies war insbesondere auch im Hinblick auf die Aufarbeitung und Zusammenstellung unterschiedlicher theoretischer Ansätze aufwändig und wir wünschten uns, dass wir es unseren Leserinnen und Lesern einfacher hätten machen können. Wir halten jedoch eine derartig gründliche und theoretisch fundierte Auseinandersetzung mit Aspekten der Unterrichtwirklichkeit für unausweichlich. In der Detailliertheit unserer Analysen entfalten sich die wesentlichen Züge des Unterrichtsalltags.

But the details highlight the general point [...]. They do indeed, each of them, create a highly structured constitutive reality, ... on which the child learns to concentrate in a sequentially ordered manner while keeping the overall "logical" structures of the game in mind (BRUNER 1983, S. 62).

Aber die Einzelheiten streichen den allgemeineren Gesichtspunkt heraus [...]. Sie, und zwar jede von ihnen, kreieren in der Tat eine hochstrukturierte konstitutive Wirklichkeit, ..., auf die sich das Kind in einer sequenziell angeordneten Weise konzentrieren lernt, während es die übergreifenden „logischen" Strukturen des Spiels im Kopf behält.[29]

Die Betrachtung von Unterrichtsalltag auf dieser Mikroebene lässt erkennen, wie er ‚gestrickt' ist. Auf ihr werden die Handlungs- und Steuerungselemente ersichtlich und dies wiederum eröffnet Möglichkeiten der gezielten Beeinflussung. Um im Bild des Strickmusters zu bleiben: Unterricht kann immer wieder nach demselben ‚Strickmuster' erzeugt werden. Dieses ‚Stricken' von interaktionalem Gleichfluss verläuft für alle Beteiligten reibungslos und ist somit im Hinblick auf die Energie- und Konfliktminimierung ökonomisch. Herab fallende Maschen, also Abweichungen vom Selbstverständlichen bzw. ‚drohende' interaktionale Verdichtungen, werden als Strickfehler verstanden. Um den interaktionalen Gleichfluss, das bekannte Strickmuster, jedoch weiter herstellen zu können, werden die Maschen sogleich wieder aufgenommen. Wenn man Unterricht hingegen anders gestalten, anders ‚stricken' möchte, dann wird man sich weniger an diesen Formen interaktionalen Gleichflusses sondern eher an den Strukturierungsmerkmalen von interaktionaler Verdichtung orientieren. Die herab

[29] Wir haben uns hier für eine eigene Übersetzung entschieden, da wir die ‚Originalübersetzung' an dieser Stelle für fehlerhaft halten. Zur eigenen Überprüfung fügen wir hier diese Übersetzung an: Aber die Einzelheiten illustrieren und belegen die allgemeineren Aussagen [...]. Jedes dieser Spiele stellt tatsächlich eine hochstrukturierte konstituierende Wirklichkeit dar ..., auf welche sich das Kind stufenweise konzentrieren lernt, während es die übergreifenden logischen Strukturen des Spiels im Kopf behält (Ders. 1987, S. 51f).

fallende Masche müsste als Anregung für ein verändertes Stricken gedeutet werden, und nicht als Fehler, den es auszubügeln gilt.
Im Folgenden lösen wir uns wieder von der Metapher des Strickmusters und konzentrieren uns auf die in diesem Buch ausgearbeiteten und verwendeten theoretischen Begriffe. Mit ihrer Hilfe gehen wir erneut darauf ein, in welcher Beziehung der Unterrichtsalltag zur Veränderung von Unterricht steht.
Theoretisch sind Gleichfluss und Verdichtung mithilfe desselben fünfdimensionalen Modells für den mathematischen Unterrichtsalltag beschreibbar; ‚Unterricht-*Halten*' und ‚Unterricht-*Verändern*' lassen sich als zwei Modellierungen der Unterrichtsinteraktion gemäß dieser Dimensionen verstehen. Unterrichtalltag ist u. a. dadurch ausgezeichnet, dass man unter Handlungsdruck Entscheidungen, die den Fortgang der Interaktion sichern sollen, trifft. Dies ist nicht immer einfach und erfordert, dass man nicht zu viel Zweifel aufkommen lässt und mit den anderen Beteiligten, die ja vor ähnlichen Problemen stehen, dem Interaktionsprozess Selbstverständlichkeiten unterstellt, die das Entscheiden erleichtern. Solche Selbstverständlichkeiten sind im mathematischen Unterrichtsalltag die Inszenierung von musterartigen Interaktionsprozessen mit unentwickelter Rationalisierungspraxis. Aushandlungsprozesse in Interaktionsmustern haben zwar zum Einen die Tendenz zur Sinnentleerung. Zum Anderen ermöglichen sie aber relativ zügig ‚richtige' Antworten bei Schülern hervorzurufen, die als Zeichen dafür genommen werden können, dass die Schüler ‚verstanden' haben. Alternative Situationsdefinitionen, die eventuell Zweifel darüber aufkommen lassen könnten, werden in derartigen Interaktionsmustern weit gehend unterbunden und dennoch auftretendes Überraschendes und Neues wird als Variation des Bekannten und Alten interpretiert. Die zweite Phase der Episode „13 Perlen" mag hier noch einmal als Beispiel herangezogen werden. (Siehe hierzu auch ACHENBACH 1997)
Diesen Alltag gilt es zu ändern; und das Ergebnis wäre wieder ein Alltag, aber natürlich ein anderer, in dem sich interaktionale Verdichtungen nicht nur häufiger sondern auch planvoller und methodischer aus der Interaktion entwickeln. Dies mag vielleicht überraschen – versteht man doch häufig unter Alltag gerade durch Muster und Routinen erstarrte Interaktionen. Deswegen erinnern wir noch einmal an unsere Definition von Unterrichtsalltag. Wir haben ihn als den Interaktionsraum, also den „unmittelbaren Anpassungs-, Handlungs-, Planungs- und Erlebnisraum" (SOEFF-

NER 1989, S. 12; siehe auch Kapitel 6) verstanden. Auch ein veränderter Unterricht wird weiterhin ein solcher Interaktionsraum bleiben und somit Unterrichtalltag darstellen (siehe auch KRUMMHEUER 2002, S. 42 f.). Man kann diese Entwicklung als einen Zyklus verstehen: vom Alltag zum neuen Alltag mit einer Zwischenphase des Umbruchs (siehe GELLERT 2003, S. 19 ff.). Dieser Zyklus mag sogar mehrfach durchlaufen werden.

Für uns als Autoren stellt sich die Frage, wie man lernen kann, in diesem Unterrichtsalltag eigene Gestaltungsvorstellungen umzusetzen und ihn damit nicht nur ‚irgendwie hinzubekommen' sondern reflektiert auch Veränderungen am eigenen Unterricht vorzunehmen. Unsere Antwort bewegt sich von der Konzeption her in unserem Theorierahmen zum Mathematiklernen, wie wir ihn im letzten Kapitel vorgestellt haben: Einer Lehrerin bzw. zukünftigen Lehrerin wird dies gelingen, wenn sie zunehmend mehr Autonomie in ihren Entscheidungen und Handlungsumsetzungen erwirbt. Zunahme an Handlungsautonomie heißt, dass man aus unserer Sicht nicht Wert darauf legt, dass die (zukünftigen) Lehrerinnen von uns oder anderen Didaktikern Handlungsvorschläge im Sinne von Anleitungen möglichst getreu umzusetzen lernen, sondern dass sie in die Lage versetzt werden, eigene Handlungsalternativen zum interaktionalen Gleichfluss zu entwickeln und zu erproben. GELLERT (2003, S. 139) unterscheidet hier zwischen einer Ausbildungskonzeption, die auf Handlungs*anleitungen* zielt, und solchen, die den (zukünftigen) Lehrerinnen Ansätze zur Entwicklung eigener Handlungs*alternativen* ermöglichen. Diese Handlungsalternativen zielen aus unserer Sicht auf die Erzeugung von interaktionalen Verdichtungen.
Nach unserem Verständnis wird die Fähigkeit zur autonomen Entwicklung und Erprobung von solchen Handlungsalternativen am ehesten erworben, wenn die Beteiligten mit einer *veränderten Wahrnehmungsfähigkeit* Interaktionsverläufe im Unterricht in alternativenreicher Weise deuten. Die Möglichkeit des alternativen Gestalten basiert auf der Fähigkeit des alternativen Interpretierens: Gestalten durch Interpretieren!
Wir führten im ersten Kapitel aus, dass jedes Individuum Wirklichkeit gemäß seiner aktivierten verfügbaren Wissensbestände deutet. Bezogen auf die Unterrichtssituation bedeutet dies, dass es den Unterricht so wahrnimmt, wie sich seine Situationsdefinition entwickelt. Bei der bestehenden Unterrichtspraxis handelt die Lehrerin bezogen auf ihre Situationsdefinition durchaus rational. Wenn wir möchten, dass sie anders handelt, soll dies

natürlich auch wieder rational sein. Dies kann somit vor allem dann eintreten, wenn sie Aspekte der Interaktion wahrzunehmen in der Lage ist, die außerhalb des Horizontes ihrer bisherigen Situationsdefinition liegen.
Sie kann in einem von ihr gelenkten Klassengespräch z. B. wahrnehmen, dass endlich ein Schüler die erwünschte Antwort sagt und zügig voranschreiten; sie kann aber in dieser Antwort auch erkennen, dass der Schüler ihr im Status eines Imitierers nachgesprochen hat und deswegen den sich anbietenden reibungslosen Fortgang nicht einschlagen sondern nach Gründen für die Antwort suchen lassen. Analog kann sie an einem Tisch, an dem gerade Gruppenarbeit stattfindet, in der von den Schüler hervorgebrachten ATS einen richtigen oder falschen Lösungsweg sehen und ihn entsprechend nachrechnen und bewerten; sie kann in der ATS aber auch den Plot einer narrativen Argumentation zu identifizieren versuchen und mit argumentativen Mitteln zustimmen oder widersprechen. An beiden Beispielen erkennt man noch einmal, wie die Reaktionen der Lehrerin, ihre Turns, von ihrer Situationsdefinition abhängen. Wer anderes oder mehr sieht, kann auch anders oder differenzierter antworten. In der Ausformung einer solch entwickelteren Interpretationskompetenz sehen wir den Grundstein jedweder Veränderungsmöglichkeit von Unterrichtsalltag. Auf dieser Basis lassen sich dann auch neue Aufgaben, neue Zugänge zu Unterrichtsinhalten, neue Inhalte insgesamt oder gar ganze neuartige Aufgabenkulturen mit der Chance einer dauerhaft wirksamen Veränderung des Unterrichts einführen.

**... denn der entscheidende Faktor für einen erfolgreichen Unterricht ist das didaktische Verständnis der Lehrkraft. Auch die besten Werkzeuge und Materialien versagen, wenn sie ungeschickt, unabhängig von Ausgangslage wie Zweck und ohne ständige Beobachtung und Nachsteuerung des Prozesses angewendet werden.** (PRENZEL 2004, S. 2)

Wir haben in diesem Buch nahezu 40 Begriffe eingeführt und mit ihnen ein theoretisches Netzwerk aufgebaut, das ein solches verändertes Deuten von Unterrichtsprozessen ermöglichen kann. Mit diesem Theorieansatz, der auch lerntheoretische Vorstellungen zum Mathematiklernen mitfasst, kann man Optimierungsversuche von Lernbedingungen in alltäglicher Unterrichtsinteraktion bestimmen. Wichtig aus unserer Sicht ist dabei, dass dieser Ansatz auf Analyseverfahren baut, die Systematisierungen des üblichen ‚Geschäfts' des Deutens von Situationen darstellen, und somit nicht nur abstrakt bleibt sondern empirisch gehaltvoll angewendet werden kann. Dies ermöglicht, im Wesentlichen bekannte Phänomene aus der mathematischen Unterrichtspraxis in einem neuen Licht zu verstehen. Z. B.

- Die Bedeutung zu mathematischen Begriffen oder Verfahren werden im Unterreicht „ausgehandelt".

- In Aufgabenbearbeitungsprozessen, in denen die Schüler auf den ersten Blick nicht zu argumentieren scheinen, kann man eine „reflexive Rationalisierungspraxis" erkennen und Argumentationen nach TOULMIN rekonstruieren.

- Die ‚normalsten' Einführungsphasen werden als Sinn entleerende „Interaktionsmuster" dargestellt und minimale Verschiebungen in den Rollenzuteilungen in einer Rationalisierungspraxis als möglicher Autonomiezuwachs bei den Lernenden im Rahmen eines „Argumentationsformats" verstanden.

- In Schüleräußerungen, die zunächst unverständlich erscheinen, können nun „Paraphrasierungen" oder „Traduktionen" vorangegangener Argumentationsideen wieder erkannt werden. Hierin wird dann ein Autonomiezuwachs bei dem sprechenden Schüler vermutet.

- Den ‚stummen' Schülern, also gerade denen, die sich nicht am Unterricht ‚beteiligen'. wird eine „Partizipation", wenn auch nur eine rezipierende, zugewiesen. Die sich Beteiligenden „inszenieren" für diese rezipierenden Schüler Bedingungen des Mathematiklernens.

Dieser Blick auf Unterrichtsalltag *irritiert* die ‚gewachsene' Alltagsdidaktik (zur „Alltagspädagogik" siehe auch NAUJOK 2000, S. 22 ff), die in vielen Fällen den Rahmen für die Situationsdefinitionen der Lehrerinnen darstellen. Ihre Alltagsdidaktik hat sich schon während der Schülerzeit entwickelt und stabilisiert sich über die als erfolgreiches Unterrichten eingeschätzten Unterrichtsprozesse nach dem interaktionalen Gleichfluss in den Berufsjahren. Die universitäre Ausbildungsphase läuft Gefahr, dagegen wirkungslos zu verpuffen.

Die 12-13jährige Sozialisation in der Schule von gestern ist stärker und wirksamer als die aufgesetzten 4-5 Jahre Lehrerausbildung für die Schule der Zukunft. Im Konfliktfall regrediert ein Lehrer eher auf seine eigene, als Schüler erlittene Schulerfahrung als auf das Prüfungswissen seiner Lehrerausbildung (BAUERSFELD 2000, S 138).

Im folgenden Kapitel werden wir unsere Konzeption vorstellen, wie eine Irritation und konstruktive Weiterentwicklung gewachsener Alltagsdidaktiken bei Studierenden des Faches Mathematik für das Lehramt an Grundschulen geschehen kann.

## 7.2 Die Übungen zur Vorlesung

In diesem Kapitel möchten wir ausschnittsweise vorstellen, wie wir mit Lehramtsstudierenden an der Weiterentwicklung ihrer Interpretationskompetenz arbeiten. Unsere Erfahrung ist, dass es vielen Studierenden leichter fällt, sich mit der hier vorgestellten ‚Phänomennähe' von Unterrichtswirklichkeit zu beschäftigen, wenn sie eigene Lehr-Lern-Experimente durchführen und sich mit der Rekonstruktion dieser Episoden auseinander setzen. Möglicherweise erleichtert das eigene Miterleben das Analysieren. Im Rahmen der Übungen, welche die Vorlesung über dieses Buch begleiten, werden die Studierenden angeregt, sich mit Schülergruppen von zwei bis vier Schülern und deren Bearbeitungsprozessen zu mathematischen Problemaufgaben auseinander zu setzen. Diese Beschäftigung umfasst das Gestalten der Arbeitsphasen mit den Kindern, das Fixieren in transkribierter Form, das Beobachten von Prozessen, und schließlich Versuche, das Beobachtete systematisch zu analysieren und zu verstehen. Dabei erscheint es uns für jede dieser Aktivitäten geboten, einen intensiven Austausch zu ermöglichen. Entsprechend erfolgt die Bearbeitung in studentischen Arbeitsgruppen von maximal vier Personen. Speziell in Bezug auf das Beobachten, Analysieren und Verstehen unterrichtlicher Prozesse ist eine Praxis der gemeinsamen Entwicklung von Deutungsalternativen grundlegend. Hierbei vertrauen wir, wie in der Unterrichtsinteraktion, auf die Dynamik der Bedeutungsaushandlung. Die

Fokussierung auf die Arbeit mit Schülergruppen hat zum Teil eher pragmatische Hintergründe: Rechtlich betrachtet gilt die Arbeit mit einer Schülergruppe nicht als eigenverantwortlicher Unterricht und ist daher auch für Lehramtsstudierende problemlos realisierbar. Außerdem reduziert sich der Organisationsaufwand auf ein erträgliches Maß, wenn nicht zu viele Beteiligte eingebunden sind. Aus theoretischer Perspektive betrachtet würden Beobachtungen einer gesamten Klasse die Komplexität enorm steigern und entsprechend aufwändige Analysen erfordern.
Mit den Aufgabenstellungen versuchen wir einerseits, einen organisatorischen Rahmen zu geben. Andererseits verstehen wir die Aufträge eher als mittelfristige Arbeitspläne mit einzelnen Arbeitsschritten. So ist für einzelne Aufgabenteile eine Bearbeitungszeit von bis zu drei Wochen vorgesehen.
Zunächst gilt es, Kontakt zu Lehrpersonen und Grundschulkindern auf zu nehmen. Da dies leider ein schwieriger Prozess sein kann, haben wir ihn explizit in die Übung integriert:

**Aufgabe**

a) Nehmen Sie Kontakt zu Grundschulen bzw. Grundschülern auf.

b) Bitten Sie 2–4 GrundschülerInnen für Sie bis ... zu wenigstens zwei Schülergruppen-Sitzungen (S-Gruppen) von jeweils bis zu 30 Minuten Dauer zur Verfügung zu stehen.

c) Teilen Sie den SchülerInnen mit, dass Sie für Ihr Studium genauer verstehen wollen, wie SchülerInnen miteinander Mathematikaufgaben lösen und dass Sie das bei ihnen lernen möchten

d) Vereinbaren Sie mit Ihrer S-Gruppe Termine für die Durchführung Ihrer Versuche.

e) Schreiben Sie einen Bericht von höchstens zwei Seiten über Ihre Aktivitäten und Schwierigkeiten im Zusammenhang mit der Kontaktaufnahme zu SchülerInnen. Gehen Sie dabei auf folgende Aspekte ein und begründen Sie Ihr jeweiliges Vorgehen bzw. Ihre Entscheidungen:
   - Verfolgte und verworfene Möglichkeiten der Kontaktaufnahme zu GrundschülerInnen
   - Bereitschaft unter den angesprochenen Schulen, LehrerInnen und SchülerInnen, mit Ihnen zusammenzuarbeiten
   - Möglichkeit der Durchführung der „Experimente“ im regulären Mathematikunterricht oder außerhalb des Klassenverbands

- Notwendigkeit eines Vortreffens mit der S-Gruppe

Die Kontaktaufnahme mit Lehrerinnen und deren Schulklassen erweist sich in der Regel dann als unkompliziert, wenn bereits Bekanntschaft mit der entsprechenden Lehrperson besteht. Im anderen Fall verlassen sich die Studierenden eher auf privat organisierte Kleingruppen außerhalb des schulischen Umfeldes.
Mit den Überlegungen, die zur Durchführung der folgenden Aufgaben angestellt werden müssen, werden Bezüge zu den in diesem Buch ausgearbeiteten Dimensionen hergestellt: Es geht darum, sich Gedanken über mögliche thematischen Entwicklungen zu machen. Gleichzeitig sollen durch die Auswahl von Aufgaben, die alternative Bearbeitungswege zulassen oder sogar herausfordern, Bedingungen geschaffen werden, welche interaktionale Verdichtungen ermöglichen oder eine diskursive Rationalisierungspraxis gleichsam provozieren. Die Aufforderung zur schriftlichen Fixierung leitet sich aus der fünften Dimension ab. Mit diesen Aufgabenstellungen wird angestrebt, die einzelnen Dimensionen der Modellierung ineinander greifen zu lassen.

**Aufgabe**

Wählen Sie für Ihre S-Gruppe vier „Problemaufgaben“ aus. Beachten Sie dabei folgende Aspekte:

- Die Aufgaben sollten sowohl aus dem Bereich der Arithmetik als auch aus der Geometrie kommen.
- Die Aufgaben müssen für die SchülerInnen neu sein und zugleich in Verbindung zum derzeitigen Schulstoff stehen. Sprechen Sie mit der betreffenden Lehrperson, schauen Sie in die Schülerhefte und in das verwendete Schulbuch.
  Begründen Sie Ihre Auswahl schriftlich.
- Als „Problemaufgaben“ sollen die Aufgaben keine eindeutige Einwort-Antwort haben, sondern relativ offen sein. Das bedeutet, dass sie auf jeden Fall mehrere Lösungswege, möglicherweise auch mehrere Lösungen zulassen sollten. Nur so können die Schüler beim Lösen der Aufgabe in ein Aufgabenbearbeitungsgespräch geraten, denn das Für und Wider verschiedener Ansätze muss besprochen werden.
  Geben Sie bei jeder Aufgabe an, welche verschiedenen Lösungswege bzw. welche verschiedenen Lösungen prinzipiell denkbar wären und somit möglicherweise von den SchülerInnen hervorgebracht werden.
- Die SchülerInnen sollen nicht nur die Ergebnisse sondern auch ihre

> Lösungswege begründen und schriftlich festhalten.
> Lösen Sie jede Ihrer Aufgabenstellungen auf mindestens zwei Arten exemplarisch schriftlich. Dieser „Selbstversuch“ soll Ihnen helfen, die Brauchbarkeit Ihrer Aufgaben zu überprüfen. Wenn Sie selbst Probleme bei der Bewältigung Ihrer Aufgaben haben, wird es vermutlich auch den Kindern Ihrer S-Gruppe schwer fallen.

Im Folgenden werden einige Antworten von studentischen Arbeitsgruppen exemplarisch vorgestellt. Dabei verzichten wir darauf, diese Ausarbeitungen zu kommentieren, und überlassen das dem Leser / der Leserin.

Zunächst eine Beispielaufgabe aus der Arithmetik. Die studentische Arbeitsgruppe hat ihren Überlegungen die folgende Problemstellung zu Grunde gelegt:

Zum Knobeln
Lara sagt zu Nils: wenn du mir einen Bonbon gibst, dann habe ich doppelt so viele, wie du zuerst hattest!
Nils sagt zu Lara: Gib du mir lieber einen, dann haben wir beide gleich viele. Wie viele Bonbons hat Nils, wie viele Lara?
(Hinweis: Es sind zusammen weniger als zehn.)

Im Rahmen der Vorüberlegungen haben die Studierenden hierzu zwei alternative Lösungsmöglichkeiten entwickelt. Die erste beruht auf logischen Schlüssen, die zweite Variante stützt sich auf „Versuch und Irrtum“ mit konkretem Material. Sie haben ausgeführt:

Lösungsweg 1:
Die Kinder bekommen heraus, dass Lara eine ungerade Anzahl Bonbons haben muss, weil es sonst nicht möglich ist, dass, wenn sie ein Bonbon dazu bekommt, es dann das Doppelte von etwas ist. Also: Lara = ungerade Anzahl Bonbons.
Anschließend werden die Kinder dann heraus bekommen, dass Nils zwei weniger haben muss als Lara, da er ansonsten nicht genau so viele wie Lara hat, wenn sie einen abgibt und Nils einen dazu bekommt. Demnach hat Nils auch eine ungerade Anzahl Bonbons, die um zwei kleiner ist als Laras Anzahl Bonbons.
Also: Nils = ungerade Anzahl und um zwei kleiner als Lara.

Danach können die Kinder alle ungeraden Zahlen, die kleiner als zehn sind, aufstellen.

1 3 5 7 9 Lara

1 3 5 7 9 Nils

Da Lara und Nils aber zusammen weniger als zehn Bonbons haben und Lara zwei mehr als Nils hat, bleiben nur folgende Zahlen übrig:

3 5 Lara

1 3 Nils

Jetzt können die Kinder rechnen und werden feststellen, dass, wenn Nils ein Bonbon hat und dieses an Lara, die drei hatte, abgibt, Lara dann vier hat, aber das dies nicht das doppelte von eins ist. Demnach rechnen die Kinder weiter und werden feststellen, dass, wenn Nils drei Bonbons hat und eins an Lara, die fünf Bonbons hatte, abgibt, dann Lara sechs Bonbons hat und dass dies das Doppelte von drei ist. Außerdem erhält Lara vier Bonbons, wenn sie einen an Nils abgibt, der eben so vier Bonbons erhält, wenn Lara ihm einen abgibt. Darum ist die Lösung dieser Aufgabe, dass Lara fünf Bonbons und Nils drei Bonbons hat.

Lösungsweg 2:
Den Kindern stehen 12 Bonbons zur Verfügung, mit denen sie ausprobieren können, mit welcher Anzahl von Bonbons für Lara und Nils die Knobelaufgabe aufgeht. Hierbei sind mathematische Überlegungen nicht notwendig, sie können aber hilfreich sein. (Wir möchten 12 Bonbons mitnehmen, obwohl wir nur 9 bräuchten, damit nachher jedes Kind gleich viele bekommt.

Ein weiteres Beispiel für alternative Lösungsvorschläge haben wir einer anderen studentischen Ausarbeitung entnommen. Es stützt sich auf folgende Aufgabe:

Ein Bauer hat 15 Tiere, nämlich Pferde und Hühner auf der Weide stehen. Die Tiere haben zusammen 42 Beine.

In diesem zweiten Beispiel zur Arithmetik entwickeln die Studierenden zwei alternative Bearbeitungsmöglichkeiten, welche sie rechnerisches und zeichnerisches Probieren beschreiben. Wir möchten hier insbesondere die zeichnerische Lösungsalternative vorstellen.

... Wir malen für jedes Tier einen Kreis und zuerst an jeden Kreis zwei Striche, diese sollen die Beine darstellen. Das machen wir, weil ein Pferd und ein Huhn auf jeden Fall zwei Beine hat. Da das Pferd vier Beine hat, zeichnen wir solange an jeden Kreis noch zwei Striche, bis unsere Beine und Striche aufgebraucht sind. Die Kreise mit vier Strichen stellen die Pferde dar und die mit zwei Strichen die Hühner.
Dies könnte zeichnerisch so aussehen:

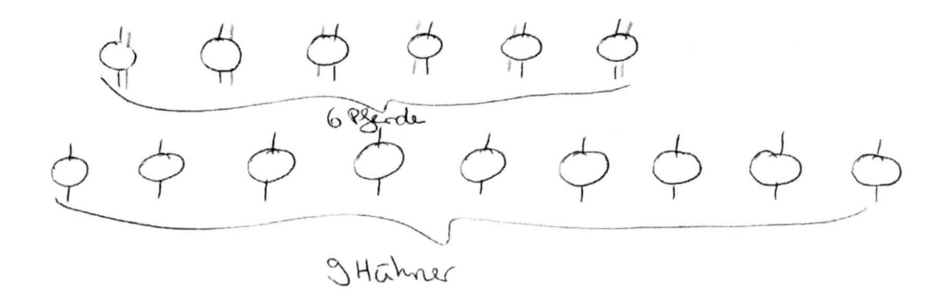


Die Antwort lautet: Es sind 6 Pferde und 9 Hühner auf der Weide.

Typisch für ein Aufgabenstellungen aus der Geometrie sind solche, in denen Würfelbilder zu Anwendung kommen. Ein Beispiel:

Du siehst hier drei Abbildungen, die verschieden aussehen. Löse die Aufgaben!

Frage:
a) Wie viele Holzwürfel brauchst du zum Bauen? Vermute vorher.
b) Wie viele Würfel fehlen jeweils zum Quadrat bzw. Rechteck?

Alternativ geht es in den Geometrieaufgaben um Flächen. Flächeninhalte werden in der Grundschule durch Auslegen von Flächen mit Einheitsflächen bestimmt. Dadurch bieten sich diverse Bezüge zu multiplikativen Strukturen an, wie folgendes Beispiel verdeutlicht:

24 Bilder in Querformat sollen aufgehängt werden.

*Frage*: Wie lang und wie breit muss die Pinnwand sein? Zeichnet dies und findet verschiedene Möglichkeiten!

1. Lösungsweg:

Wenn wir alle Bilder waagerecht in eine Reihe machen, lautet unsere *Rechnung* so:
Länge: 30cm*24 Bilder = 720cm => 30*24=720
Da wir kein Bild übereinander hängen, lautet die *Rechnung*:
Breite: 20cm*1 Bild = 20cm => 20*1=20
Die *Antwort* zu dieser Überlegung lautet:
Die Pinnwand muss 720cm lang und 20cm breit sein.

Oder:

Wir hängen 6 Bilder nebeneinander und bilden darunter noch drei Reihen á 4 Bilder. Die *Rechnung* zu dieser Lösung lautet:
Länge: 30cm*6 Bilder = 180cm => 30*6=180
Breite: 20cm*4 Bilder = 80cm => 20*4=80
Wir können überprüfen, ob wir auch 24 Bilder aufgehängt haben, indem wir 4*6 rechnen. Da jede Reihe 6 Bilder hat und wir 24 Bilder zur Verfügung haben. Umkehrrechnung: 24:6=4 => Wir können 4 Reihen á 6 Bilder machen.
Die *Antwort* lautet hier: Die Pinnwand muss 180cm lang und 80cm breit sein.

2. Lösungsweg:

Wir können diese Aufgabe auch mit Hilfe von Zeichnungen lösen. Da 30cm und 20cm zu groß zum Zeichnen sind, muss man eine kleinere Einheit wählen. Hier würde sich sehr gut 3cm und 2cm anbieten. Am Ende müssen wir nur darauf achten, dass das Ergebnis wieder mit zehn multipliziert wird, da wir eben durch zehn geteilt haben. Wir malen jetzt z. B. die Kästchen in verschiedenen Farben an. Man kann entweder die gleichen Zahlen von oben nehmen oder sich neue überlegen. Dies könnte zeichnerisch z. B. so aussehen:

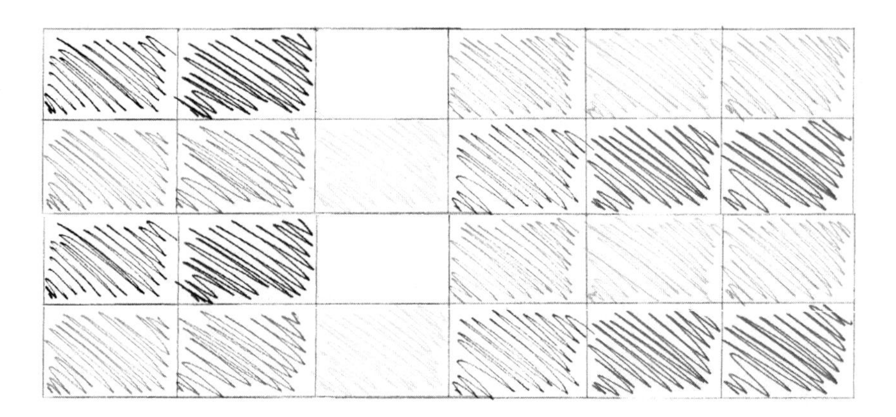

Nicht vergessen!!!
Das Ergebnis muss noch mit zehn multipliziert werden!!
Hier gibt es auch wieder sehr individuelle Antworten. Mit 4 Reihen á 6 Bildern würde die Antwort lauten: Die Pinnwand muss 180cm lang und 80cm breit sein.

Da es bei dieser Aufgabe viele Endergebnisse gibt, haben wir hier nur zwei aufgeführt.

Bei der Durchführung der „Experimente" sind die Studierenden einerseits Beteiligte der Interaktion und gestalten die Situation mit. Hinsichtlich dieses Aspektes haben sie in den vorherigen Aufgabenteilen umfassende Vorüberlegungen angestellt. Andererseits sind sie Beobachter des Geschehens. Auch dieser Aspekt bedarf der Planung im Vorfeld. Die folgende Aufgabe soll eine intensive Auseinandersetzung mit Aspekten des Aufzeichnens und Protokollierens herausfordern.

**Aufgabe**

Entwickeln Sie einen Beobachtungsbogen, der eine möglichst detaillierte Rekonstruktion der Schülergespräche bei der Aufgabenbearbeitung ermöglicht. Der Beobachtungsbogen soll schriftlich abgegeben werden.

Möglichkeiten der Aufzeichnung sind: Schnelles Mitschreiben, Tonbandaufnahmen, Videoaufzeichnungen etc.

Je nach gewählten oder zur Verfügung stehenden technischen Hilfsmitteln sind die Beobachtungsbögen unterschiedlich ausdifferenziert. Im Falle von Videoaufzeichnungen fällt sein Design eher minimalistisch aus und wird als „Backup" verstanden. Eine Gruppe beschränkt sich beispielsweise auf „Ergänzungen" im schriftlichen Beobachtungsbogen:
„Unter Ergänzungen haben wir Sachen eingetragen, die nichts direkt mit der Aufgabe zu tun hatten. Sie hatten nichts mit dem Experiment zu tun gehabt, aber haben doch die SchülerInnen bei dem Lösen der Aufgabe indirekt beeinflusst. Dort haben wir zum Beispiel notiert, wenn jemand anderes in die Klasse oder in das Zimmer von Frau H. kam."
Beobachtungsbögen, die additiv zu Audioaufzeichnungen verwendet werden, lesen sich häufig wie folgt:

| Aufgaben-nummer | Name des Kindes | Inhalt (Was wurde gesagt) | Nonverbale Handlungen |
|---|---|---|---|
| ... | ... | ... | ... |

Zum Teil werden Beobachtungsbögen entwickelt, die als Versuche verstanden werden können, die Aufmerksamkeit des Beobachters gezielt auf einzelne Dimensionen zu lenken.

**Name:** ____________ **Datum:** ____________

**Alter:** ____________ **Aufgabe Nr.:** ____________

**Klasse:** ____________ **Beobachter:** ____________

J N
☐☐ Hat der Schüler die Aufgabenstellung verstanden?

J N
☐☐ Ist er motiviert die Aufgaben zu lösen?

J N
☐☐ Lässt er sich durch Geräusche ablenken?

J N
☐☐ Arbeitet er mit seinen Freunden zusammen?

J N
☐☐ Bringt er eigene Lösungsvorschläge?

J N
☐☐ Fällt es ihm schwer, Lösungsansätze der anderen Schüler zu verstehen?

J N
☐☐ Kann er den Partnern in der Kleingruppe zuhören?

J N
☐☐ Kann er auf die Argumente des Vorredners eingehen?

J N
☐☐ Kann er Gefühle über Ideen etc. äußern?

J N
☐☐ Stellt er Fragen nach Sinn und Bedeutung?

**Bemerkungen/ Auffälligkeiten/ Sonstiges:**

____________________________________________

Um die miterlebte unterrichtliche Interaktion genauer verstehen zu können und die Beschäftigung mit verschiedenen Analyseverfahren zu ermöglichen, wird zunächst ein erster Eindruck formuliert. Hernach sind die Studierenden angehalten, auf der Grundlage ihrer Aufzeichnungen und Notizen Transkripte zu erstellen.

**Aufgabe**

In den vorangegangenen Aufgaben sollten Sie mindestens zwei „Experimente" mit Ihrer S-Gruppe durchführen. Stellen Sie in einem kurzen Bericht von ca. einer Seite dar, wann Sie Ihre Versuche durchgeführt haben und ob diese „Experimente" nach Ihrem ersten Eindruck erfolgreich verlaufen sind. Eine ausführlichere Auswertung Ihrer gewonnenen Daten erfolgt in Aufgabe ... Hier genügt also eine kurze Darstellung.

**Aufgabe**

Erstellen Sie auf der Grundlage Ihres Beobachtungsbogens Transkripte zu den Bearbeitungsprozessen der vier Aufgaben. Folgende Aspekte sollen Teil Ihrer Transkripte sein:

- Die Formulierung der Aufgabenstellung
- Die verbalen Aspekte des Bearbeitungsprozesses, also eine möglichst wortgenaue Widergabe des Bearbeitungsprozesses.
- Die nonverbalen Aspekte, also die nicht-verbalen Handlungskomponenten der SchülerInnen

Für die Erstellung von Transkripten haben wir bewusst keine detaillierten Vorgaben im Sinne von Vorschriften gemacht. So sollen die Studierenden angehalten werden, sich selbst Gedanken über Darstellungsmöglichkeiten zu machen, die alle notwendigen Informationen in geeigneter Weise wieder geben. Wem es danach bedarf, steht es frei, sich an unserer Transkriptionsweise zu orientieren, die allerdings sehr zeitaufwändig ist.
Auf der Grundlage der erstellten Transkripte wird es nun möglich, die Bezüge zu den fünf ausgearbeiteten Dimensionen zu verdichten. An die Stelle des lapidaren „Ah, Matheunterricht, das kenne ich", treten reflektiertere Versuche, sich dem Geschehen zu nähern, es zu beschreiben und zu verstehen. Zu diesem Zweck ist es zunächst erforderlich, dass die Studierenden Überblick über ihr zur Verfügung stehendes Material gewinnen (vgl. Kapitel 1.3):

**Aufgabe**

Beschreiben Sie den Verlauf des Aufgabenbearbeitungsprozesses.

Gliedern Sie das Transkript in Unterabschnitte, die sich an einzelnen Schritten im Bearbeitungsprozess orientieren.

Wählen Sie pro Transkript zwei aussagekräftige Unterabschnitte für eine eingehendere Auswertung aus. Stellen Sie Ihre leitenden Auswahlkriterien vor und begründen Sie Ihr Vorgehen.

Die Beschreibung und Gliederung bereitet den wenigsten studentischen Arbeitsgruppen Probleme. Eine Untergliederung des Bearbeitungsprozesses liest sich beispielsweise wie folgt:

| Zeile | Unterabschnitt |
|---|---|
| 1-4 | Vorstellung der ersten Aufgabe |
| 5-17 | Lösungsversuch 1 |
| 18-33 | Lösungsversuch 2 |
| 34-39 | Finden der allgemein anerkannten Lösung |
| 44-55 | Vorstellen der zweiten Aufgabe |
| 56-87 | Lösungsversuch |
| 90-99 | Finden der allgemein anerkannten Lösung |

Nun gilt es, mindestens zwei Unterabschnitte auszuwählen und ‚nach allen Regeln der Kunst' zu analysieren. Die Auswertung der Transkripte erfolgt systematisch mittels der Interaktionsanalyse. Deren Ergebnisse bilden die Grundlage für Überlegungen hinsichtlich zahlreicher in diesem Buch eingeführter empirisch gehaltvoller Begriffe und sind Basis ergänzender Verfahren wie der Argumentationsanalyse und der Partizipationsanalyse. Je nach Schwerpunktsetzung ergeben sich unterschiedliche Aufgabenstellungen. Im Folgenden werden einzelne Fragestellungen wieder gegeben. Exemplarisch werden dazu Bearbeitungsmöglichkeiten, wie sie von studentischen Arbeitsgruppen realisiert wurden, vorgestellt.

**Aufgabe**

Klären Sie, inwieweit von den Kindern ein diskursives bzw. reflexives Argumentationsmodell verwirklicht wird.

Führen Sie eine Argumentationsanalyse durch.

Die Schwierigkeit bei der Argumentationsanalyse besteht darin, den einzelnen Äußerungen ihre jeweilige Funktion im Rahmen der Argumentation zuzuweisen. Bei diskursiven Argumentationssituationen erscheint das Analysevorhaben eher realisierbar, da die Beteiligten explizit um Erklärungen und Begründungen bemüht sind. Reflexive Argumentationssituationen dagegen sind nicht einfach zu analysieren. Hier zeigen die Interaktanten die Rationalität ihres Handelns im Handeln selbst mit an. Argumentative Aspekte bleiben implizit und sind entsprechend schwierig zu rekonstruieren und zu verstehen. Bei der Auswahl eines geeigneten Transkriptausschnitts, um eine Argumentationsanalyse zu versuchen, sind die Studierenden entsprechend bemüht, diskursive Argumentationssituationen in ihrem Datenmaterial zu finden. Interpretationserfahrungen mit reflexiven Rationalisierungspraxen, insbesondere in narrativer Ausprägung, wären jedoch auch erstrebenswert.

Zur Aufgabe Die Summe aus dem Vierfachen der gesuchten Zahl x und 36 ist 80. Wie lautet die gesuchte Zahl? hat eine studentische Arbeitsgruppe auf der Grundlage ihrer Audioaufzeichnungen folgendes auf selbst entwickelten Transkriptionsregeln basierendes Transkript erstellt:

| | | |
|---|---|---|
| 56 | Alex | *(leise)* Bei der a kommt elf raus. |
| 57 | | *(etwas lauter)* Bei der a kommt elf raus |
| 58 | | *(laut)* Bei der a) kommt elf raus, ge? |
| 59 | Carolin | Eh Moment mal- was machen wir denn jetzt ? |
| 60 | Philipp | Wat doch mal- ich muss mal rechnen. |
| 61 | Alex | Die Summe aus dem Vierfachen der gesuchten Zahl mal sechs (.) mal (.) und |
| 62 | Allison | Irgendwas mal 36- |
| 63 | Alex | Nein. |
| 64 | Allison | Doch! |
| 65 | Alex | Nein. |
| 66 | Allison | Doch' |
| 67 | Alex | Wieso? Wenn du mal zwei nimmst dann |
| 68 | Carolin | Die b hört sich schwierig an. Lest die mal- |
| 69 | Allison | Hier bei der a |
| 70 | Philipp | Machen wir doch erst mal die a. |
| 71 | Alex | du musst 80 minus 36 und dann ge..Za...äh..Zahl |

| | | |
|---|---|---|
| 72 | | *Alex wird unterbrochen, weil die SchülerInnen wieder anfangen* |
| 73 | | *sich über das Diktiergerät zu unterhalten,* |
| 74 | | *Quatsch zu machen und zu lachen.* |
| 75 | Philipp | 36 äh (..) ähm (..) |
| 76 | Carolin | Toll- |
| 77 | Philipp | elf mal vier sind 44- |
| 78 | Allison | He wir müssen die 30, äh die 36 und die 80 muss (.) 36 minus 80- |
| 79 | Alex | Nein. |
| 80 | Philipp | Hä? |
| 81 | Alex | Nein. Das geht doch gar net. |
| 82 | Allison | Doch! |
| 83 | Alex | Du meinst 80 minus 36- |
| 84 | Allison | Was' ? |
| 85 | Alex | 36 minus 80 (.) das geht nicht. |
| 86 | | *Carolin und Philipp lachen* |
| 87 | Alex | Da kommt elf raus. |
| 88 | | *Carolin redet etwas unverständliches vor sich hin, während sie* |
| 89 | | *sich auf ihrem Drehstuhl im Kreis dreht* |
| 90 | Allison | Hä? |
| 91 | Alex | Das Vierfache (.) vier mal elf sind 44 plus 36 sind 80. |
| 92 | | *Carolin singt.* |
| 93 | Philipp | Echt? |
| 94 | Carolin | Also 44 wenn du minus 36 machst- (...) 80 minus 36 sind 44. |
| 95 | Alex | ja und minus äh geteilt durch vier sind' |
| 96 | Allison | Elf. |
| 97 | Alex | Elf. Also kommt elf raus. |
| 98 | Philipp | Hm' |
| 99 | Allison | Ah' elf' |

Sie sehen im gewählten Interaktionsausschnitt im Wesentlichen ein diskursives Argumentationsmodell verwirklicht, da sich Allison und Alex wiederholt widersprechen. Dies deuten die Studierenden als Strittigkeit, in der zumindest Alex explizit bemüht ist, seine Argumentation zu verdeutlichen.
Nachstehend ist auch ihr Ergebnis der Argumentationsanalyse abgedruckt.

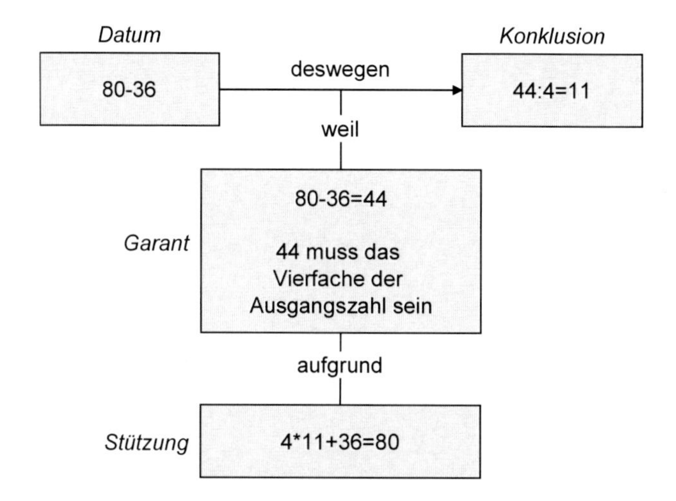


Eine andere Fragestellung fokussiert auf die Partizipationsmöglichkeiten und Lernbedingungen für tätig-werdende Schüler.

**Aufgabe**

Führen Sie für Ihre ausgewählten Transkriptausschnitte jeweils eine Partizipationsanalyse durch.

Wie würden Sie auf der Grundlage Ihrer Analyseergebnisse die Lernbedingungen für die Schüler jeweils einschätzen? Begründen Sie.

Schließlich sollen die Ergebnisse der Partizipations- und Argumentationsanalyse in Beziehung gesetzt werden. Dabei lassen wir in der Aufgabenstellung bewusst einen großen Interpretationsspielraum und stellen damit gleichzeitig die Art und Weise der Darstellung frei.

**Aufgabe**

Setzen Sie die Ergebnisse Ihrer Argumentations- und Partizipationsanalyse in Beziehung.

Entsprechend der offenen Aufgabenstellung ist das Spektrum der Antworten recht breit. Zum Teil wird die Darstellungsweise des Toulmin-Layouts übernommen. Zusätzlich zur Funktion, welche eine Äußerung innerhalb eines Arguments einnimmt wird angegeben, wer diese Äußerung hervorbringt.

Beispiel, wie eine studentische Arbeitsgruppe diese Aufgabe bearbeitet hat:
Grundlage für die Durchführung ihres Experiments mit den Kindern war eine schematische Zeichnung eines Wegenetzes durch einen Zoo. Der Tierpark sollte so durchlaufen werden, dass man an jedem der abgebildeten Tiere genau ein Mal vorbei kommt, aber kein Wegstück doppelt passiert (Euler Netz).
Hier ist der Transkriptausschnitt abgedruckt, auf den sich die Studierenden in Ihrer Analyse beziehen.

| | | |
|---|---|---|
| 20 | Lehrerin | (erklärt die Aufgabe noch mal) |
| 21 | Alle | (Kurzes Schweigen) |
| 22 | Vanessa | Ich glaub ich weiß wie. Da tun ma mal erst beim Elefanten. Und jetzt |
| 23 | | dann zum Kamel(...) (Inela fixiert Vanessa, Eric stützt Kopf auf) Dann |
| 24 | | zum Löwen (..)dann zum Bären(...) (Eric kratzt sich mit Stift am Kopf) |
| 25 | | und dann??(...)es geht nicht dann kommen wir ja net beim Känguruh |
| 26 | | vorbei |
| 27 | Inela | (zeichnet den Weg mit einem Stift mit) |
| 28 | Sercuk | (beugt sich wieder vor übers Blatt) Doch. |
| 29 | Vanessa | Nee.(.) Weil wir dann noch mal über den Elefanten müssen, (Schaut |
| 30 | | Sercuk an und macht eine erklärende Handbewegung) |
| 31 | Inela | Ich.(..)Ich glaub ich weiß wie. Erstmal zum Bär dann zum Elefanten(5) |
| 32 | | (fährt den Weg mit dem Stift ab) dann zum Kamel(...)Oh. Da hab ich |
| 33 | | was Falsch gemacht (nimmt den Stift ruckartig hoch) |
| 34 | Eric | (schaut konzentriert auf sein AB und kratzt sich noch immer a. Kopf) |
| 35 | Vanessa | Ne ich habs richtig- |
| 36 | <Sercuk | Nee ich glaub(...) |
| 37 | <Eric | Doch |
| 38 | Vanessa | Wir müssen hier in der Mitte(..) und (zeigt mit ihrem Stift auf einen |
| 39 | | Punkt und schieb das Blatt in die Mitte) dann erst den Kreis(...) aber |
| 40 | | wie` (fragende Handbewegung) |
| 41 | <Sercuk | (Unverständliches Zwischengemurmel) |
| 42 | <Sercuk | Ich glaub ich weiß wie(..) |
| 43 | <Eric | (kratzt sich am Kopf) |
| 44 | Sercuk | Ach(.) aber(..) nein doch nich- |

45 Vanessa Ja, ja, ja wenn wir hier bei dem Punkt anfangen(..) da müssen wir
46 wieder hier(4sec) nee dann kommen wir ja wieder da hin(...) (greift
47 sich mit der Hand an die Stirn und läßt sich nach hinten in ihren
48 Stuhl fallen)
49 <Sercuk (schaut Vanessa die ganze Zeit an)
50 <Inela (fährt den Weg, den Vanessa sagt nach)
51 <Eric (fährt eigene Wege ab)

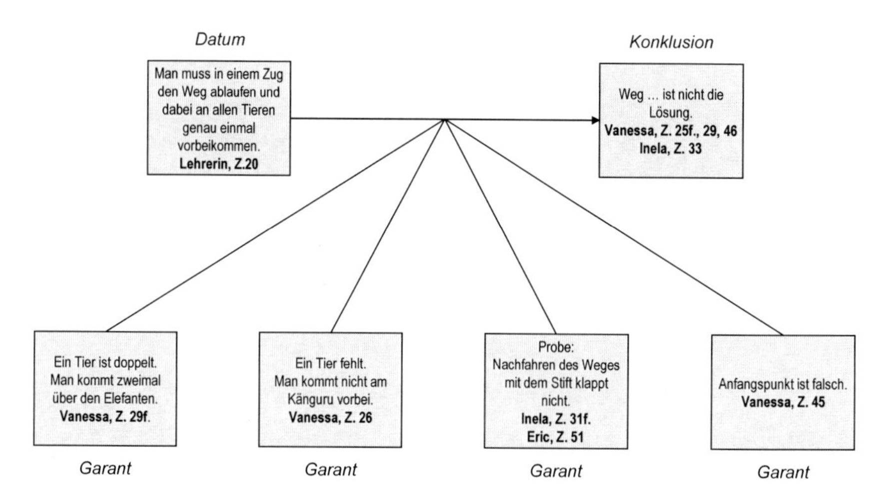


Andere konzentrieren sich eher auf ein einzelnes Kind. Dieses Vorgehen lässt sich als Versuch, eine Art „Partizipationsprofil" (BRANDT 2004) zu entwickeln, verstehen. Ein Auszug aus der Antwort einer studentischen Arbeitsgruppe liest sich denn wie folgt:

... Kevin sagt immer nur etwas zum Datum. Erst imitiert er in Zeile 34 Aykut, dann paraphrasiert er sich in Zeile 55 selbst.

Diese Darstellung unseres Übungsbetriebs, bestückt mit Beispielen studentischer Beiträge, verdeutlicht, wie die Studierenden an ihrem alltagspädagogisch geprägten Deutungsgewohnheiten arbeiten. An den studentischen Arbeiten lässt sich erkennen, wie die Studierenden auf der Grundlage der dargestellten Analyseverfahren Deutungsalternativen entwickeln. Hierin sehen wir, wie sie mit ihren neuen Einsichten auch ansatzweise eine modifizierte Sicht auf Unterrichtsalltag entwerfen. Dies erscheint uns als viel versprechender Anfang, der nun weiter ausgebaut werden kann. Auch für Schulpraktische Studien, die nicht so sehr auf Handlungsanleitung sondern auf die Entwicklung von Handlungsalternativen zielen, ist hiermit eine Ausgangsbasis geschaffen.

# Anhang

## Index/Glossar

**Accounting practice** (S. 32)
→ Rationalisierungspraxis

**Alltag, Unterrichtsalltag** (Vorwort, S. 42, 103, 133, 141, 145ff., 157ff.)
Wirklichkeitsregion der wechselseitig aufeinander bezogenen Handlungen der (am Unterricht) Beteiligten (→ Interaktionsraum)

**Analyse der Einzeläußerungen** (S. 26f.)
Teilverfahren der → Interaktionsanalyse; eine sequenzielle Analyse mit folgenden Regeln: 1. Die Äußerungen werden eine nach der anderen in der Reihenfolge ihres Vorkommens interpretiert, womit die Interpretationen nach vorne offen bleiben. 2. Plausibilisierungen dürfen und können nur rückwärts gewandt erfolgen. 3. Interpretationen müssen sich im Verlauf der Interaktion bewähren.

**Arbeitskonsens/Arbeitsinterim** (S. 16-24, 31, 142, 148)
Eine Übereinkunft zwischen den Beteiligten einer Interaktion, die aus dem Prozess der → Bedeutungsaushandlung hervorgeht. Ein Arbeitskonsens ist eher als ein modus vivendi und weniger als ein inhaltliche Übereinstimmung zu verstehen. In unterrichtlichen Lehr- Lern-Prozessen sind Arbeitskonsense provisorische Anpassungen zwischen den → Situationsdefinitionen und äußerst fragil, da die Bedeutungsaushandlungen die qualitativ unterschiedlichen Sichtweisen auf das Unterrichtsthema zwischen der Lehrperson und den Schülern in der Regel nicht überwinden können. Zur

Hervorhebung dieser Eigenschaften von Arbeitskonsensen in Unterrichtssituationen wird von einem Arbeitsinterim gesprochen.

**Argumentationsanalyse, Funktionale** (S. 36f., 40f., 80f., 142, 175ff.)
Verfahren zur Rekonstruktion einer → Argumentation. Mit ihrer Hilfe können Äußerungen, die zusammen eine Argumentation ausmachen, nach verschiedenen Funktionen unterschieden werden. Solche Funktionen sind u. a. das → Datum, die → Konklusion, der → Garant oder die → Stützung

**Argumentationsformat** (S. 64ff., 73, 83, 96, 154f.)
→ Format

**Argumentieren, Argumentation** (S. 13, 30, 34, 36-48, 59, 67, 73, 77-95, 130, 153f., 161, 176f.)
(a) Ein primär interaktionaler Prozess, in dem kooperierende Personen ihre → Situationsdefinitionen durch das Präsentieren von Gründen und Vernunftsüberlegungen anzupassen versuchen.
(b) Techniken und Methoden um den Geltungsanspruch einer Aussage zu belegen. Eine erfolgreiche Argumentation überführt einen strittigen Geltungsanspruch in einen von allen Beteiligten konsensierten oder akzeptierten.

**Argumentation, kollektive** (S. 152, 40, 89, 137)
Formal wird eine Argumentation durch die Redebeiträge von mehreren Personen hervorgebracht; lerntheoretisch stellt die Partizipation an einer solchen eine soziale Bedingung für die Möglichkeit des Lebens dar.

**Argumentation, mehrgliedrige** (S. 38f., 41)
Argumentationssequenzen, in denen Folgerungen (→ Konklusion) einer ersten Argumentation sogleich zur Voraussetzung (→ Datum) einer darauf aufbauenden zweiten verwendet werden, usw.

**Argumentation, narrative** (S. 40, 42-48, 153, 161, 176)
Der → Plot einer Erzählung enthält eine Argumentation.

**Argumentationszyklus** (S. 38)
Mehrere Argumentationen zu einer Aussagen; sie können sich wechselseitig stützen oder widersprechen.

**Assoziatives Schreiben** (S. 114)
→ Free Writing

**ATS** (S. 45, 47f., 66f., 96f., 106f., 136, 152, 161)
Aus dem Englischen: academic task structure; deutsch: aufgabenspezifische Bearbeitungssequenz; umfasst alle in einem (kollektiven)

Aufgabenbearbeitungsprozess zur Lösung einer Aufgabe hervorgebrachten Handlungsschritte. → SPS

**Bearbeitung, parallele** (S. 110f., 144-149)
Interaktionsstruktur des → interaktionalen Gleichflusses bei Schülergruppenarbeit

**Bearbeitungssequenz, stabile kollektive** (S. 109-111, 146ff.)
Interaktionsstruktur der → interaktionalen Verdichtung bei Schülergruppenarbeit

**Bedeutungsaushandlung** (S. 18ff., 23, 29, 52, 75, 138)
Die interaktive Herstellung von „passungsfähigen" → Situationsdefinitionen. Die Art der erzielten Anpassungen zwischen den individuellen Situationsdefinitionen lassen die Interaktion mehr oder weniger reibungslos funktionieren.

**Bystander** (S. 103ff., 107, 112, 115, 123, 125, 130f., 139, 144, 147ff.)
Spezifische Form der nicht-direkten Beteiligung bei einem → Klassengespräch

**Creative Writing** (S. 118)
Mathematikdidaktischer Ansatz für den Einsatz und die Verwendung von schriftlichen Produkten der Schüler

**Datum** (S. 37ff., 78-81, 89-97, 130f., 144, 146, 148, 179)
Bestandteil einer → Argumentation (→ Argumentationsanalyse); Es ist eine unbestrittene Tatsache, ein Sachverhalt bzw. eine Information, auf die verwiesen werden kann als Antwort auf die Frage: „Was nimmst du als gegeben?"

**Eigenproduktion** (S. 126ff., 129, 140)
Begriff aus der Mathematikdidaktik. U. a. zentraler Begriff eines niederländischen Unterrichtskonzepts. Eigenproduktionen bezeichnen dabei informelle Lösungsstrategien bei komplexen Problemstellungen.

**Erarbeitungsprozessmuster** (S. 54, 70)
Ein spezifisches → Interaktionsmuster aus der → polyadischen Unterrichtsinteraktion

**Format** (S. 62ff., 67, 152)
Ein → Interaktionsmuster für Lehr- Lern Prozesse, bei dessen häufigeren Realisierung die Handlungsanteile des Lernenden sukzessive zunehmen.
**Argumentationsformat** (S. 64ff., 73, 83, 96, 154f.)

Ein → Format, dessen Handlungsfolge eine → Argumentation hervorbringt; beschreibt eine soziale Bedingung für das Mathematiklernen im Unterricht.

**Free Writing** (S. 114f.)
(→ Assoziatives Schreiben) mathematikdidaktischer Ansatz für den Einsatz und die Verwendung von schriftlichen Produkten der Schüler

**Freies Schreiben** (S. 117)
(→ Schreibkonferenzen) grundschuldidaktischer Ansatz zum Schriftspracherwerb

**Garant** (S. 37-41, 79, 82, 90-97, 144-148, 154)
Bestandteil einer → Argumentation (→ Argumentationsanalyse); Garanten sind allgemeine, hypothetische Aussagen, die den Schluss vom → Datum auf die → Konklusion legitimieren. Sie können als Antwort auf die Frage: „Wie kommst du dahin?“ gedacht werden.

**Gesprächspartner** (S. 11, 104-110, 115, 129, 151)
Form der direkten Beteiligung; Person, an die ein Sprechender seine Äußerung adressiert

**Gleichfluss, interaktionaler** (S. 146f., 155, 158-162)
Struktur der mathematischen Unterrichtsinteraktion, die sich durch nur mäßig förderliche Lernbedingungen auszeichnet (→ Verdichtung, interaktionale)

**Imitierer** (S. 79f., 104)
Spezifische Ausformung eines → Produktionsdesigns: der Sprechende ist lediglich für die Lautsprecherfunktion verantwortlich; die Verantwortung für die Formulierungs- und Inhaltsfunktion obliegt anderen anwesenden Personen, die sich zuvor geäußert haben.

**Interaktion** (Vorwort, S. 1-Ende)
Interaktion meint von seinem Wortstamm her „Wechselwirkung“. Im Hinblick auf den hier interessierenden Gegenstandsbereich „Unterricht“ meint man mit dieser Wechselwirkung gewöhnlich die durch Sprechen und Handeln vermittelten wechselseitigen Beziehungen zwischen Lehrperson und Schülern oder zwischen Schülern. Die wechselseitigen Beziehungen beeinflussen die Einstellungen, Erwartungen und Folgehandlungen von Lehrperson und Schülern. Zur Charakterisierung dieses Verständnisses spricht man auch von „sozialer Interaktion“. Ihr wird eine konstitutive Funktion für den Verlauf der sozialen Situation sowohl im Hinblick auf den Beziehungsaspekt als auch auf den Inhaltsaspekt

zugesprochen.

**Interaktion, dyadische** (S. 63, 73, 106f., 152)
Die Interaktionssituation besteht aus zwei Personen.

**Interaktion, polyadische** (S. 63, 73, 79, 100ff., 108, 143, 152ff.)
Die Interaktionssituation besteht aus drei und mehr Personen (→ Produktionsdesign)

**Interaktionsanalyse** (S. 24ff., 40, 50, 81, 85ff., 110, 142f.)
Verfahren zur Rekonstruktion von Interaktionsprozessen; es rekonstruiert, *wie* die Individuen in der → Interaktion als geteilt geltende Deutungen hervorbringen und *was* sie dabei aushandeln. Die Interaktionsanalyse sollte mehrere Grundsätze bzw. Maximen erfüllen, die in der folgenden Reihenfolge bearbeitet werden können → Analyse der Einzeläußerung, → Turn-by-Turn Analyse, → Zusammenfassende Interpretation.

**Interaktionsmuster** (S. 9, 13, 51-54, 60ff.., 64)
Eine Regelmäßigkeit im Interaktionsablauf, die von den Beteiligten im Prozess des Interagierens mit hervorgebracht wird. Es entsteht Schritt für Schritt in der Interaktion ohne von den Beteiligten notwendig intendiert zu sein oder auch nur bemerkt zu werden. Durch die Hervorbringung eines Interaktionsmusters wird der prinzipiell fragile Prozess der → Bedeutungsaushandlung stabilisiert. Den Beteiligten erzeugen einen „glatt" verlaufenden Prozess der Bedeutungsaushandlung (→ Format).

**Interaktionsraum** (S. 105f., 130f., 141, 151, 160)
Zusammenfassende Charakterisierung der in einer (Unterrichts-) Situation interaktiv aufeinander Bezug nehmenden Handlungen (→ Alltag, Unterrichtsalltag)

**Journal Writing** (S. 123-126)
Mathematikdidaktischer Ansatz, in dem die Schüler in regelmäßigen Intervallen über ihr eigenes Mathematiklernen schreiben oder Problemlöseaufgaben schriftlich bearbeiten

**Kernidee** (S. 120f.)
Eines der vier Instrumente der dialogischen Didaktik nach Gallin und Ruf. Kernideen stellen fachliche und emotionale Fixpunkte der Orientierung dar und lösen individuelle Lernprozesse aus. → Reisetagebuch

**Konklusion** (S. 37-40, 78, 81f., 91ff., 95, 130, 144, 146, 154)
Bestandteil einer → Argumentation (→ Argumentationsanalyse); die Aussage, die belegt werden soll

**Kreator** (S. 75-83, 92ff. 154)
Spezifische Ausformung eines → Produktionsdesigns: der Sprechende ist für die Hervorbringung des *gesamten* Produktionsdesigns verantwortlich.

**Lauscher** (S. 107, 144, 147)
Form der nicht-direkten Beteiligung, eine von Sprechenden ausgeschlossene Person, die sich dennoch Zugang zu dessen Äußerungen verschafft

**Mithörer** (S. 102f., 109, 111, 144, 147, 149, 151)
Form der nicht-direkten Beteiligung, ein vom Sprechenden geduldeter „Mithörer"

**Modell der Zweidimensionalität von Mündlichkeit und Schriftlichkeit** (S. 131ff.)
Linguistischer Ansatz nach Koch und Oesterreicher, in dem die Unterscheidung von Mündlichkeit und Schriftlichkeit auf zwei Ebenen vorgenommen wird. Diese werden als konzeptionelle bzw. als mediale Dimension bezeichnet.

**Muster der inszenierten Alltäglichkeit** (S. 60)
Ein spezifisches Interaktionsmuster aus der → polyadischen Unterrichtsinteraktion; insbesondere bei Einführungssituationen
**Paraphrasierer** (S. 79, 83, 145)
Spezifische Ausformung eines → Produktionsdesigns; der Sprechende ist für die Formulierungsfunktion verantwortlich; die Verantwortung für die Inhaltsfunktion liegt bei einer anderen anwesenden Person, die sich zuvor geäußert hat.

**Partizipationsanalyse** (S. 80ff., 89-95, 143, 177)
Analysemethoden zur Rekonstruktion des → Produktionsdesigns und des → Rezipientendesigns

**Plot** (S. 45, 47, 153, 161)
Der Plot gibt die Reihenfolge der Handlungen in einer Geschichte wieder.

**Produktionsdesign** (S. 74, 79f., 83, 89, 91, 106, 143, 147, 153)
Zusammenfassender Begriff für die Beteiligungsweisen tätig-produktiver Schüler im Unterricht (→ Imitierer, → Kreator, → Paraphrasierer, → Traduzierer; → Rezipientendesign).

**Prozedur, thematische** (S. 54, 60f.)
Ein anderer Begriff für → Interaktionsmuster, der insbesondere den thematischen Aspekt der mathematischen Unterrichtsinteraktion betont
**Prozedur der Vermathematisierung** (S. 60f., 144)

ein spezifisches → Interaktionsmuster aus der → polyadischen Unterrichtsinteraktion; insbesondere im Zusammenhang mit dem Sachrechnen

**Rationalisierungspraxis** (S. 30-37, 40-45, 64, 73, 80, 105, 130, 141f., 152, 159, 162, 165)
Interaktionale Methoden und Techniken, mit denen die Rationalität der Äußerungen oder Handlungen verdeutlicht werden.
**Rationalisierungspraxis, diskursive** (S. 30, 36, 165)
Diese Methoden und Techniken kommen zum Einsatz, wenn ein Interaktionsprozess auf Grund erkannter Unstimmigkeiten nicht mehr reibungslos fortgesetzt werden kann und in einem gesonderten „Diskurs" an der Beilegung dieser Strittigkeiten gearbeitet wird.
**Rationalisierungspraxis, reflexive** (S. 30-33, 36, 41f., 45, 64, 162)
Diese Methoden und Techniken sind dieselben, mit denen auch der Sprech- oder Handlungsakt erzeugt wird; deshalb „reflexiv".

**Reisetagebuch** (S. 120ff.)
Eines der vier Instrumente der dialogischen Didaktik nach Gallin und Ruf. Individuell geführtes Heft, in welchem die Schüler ihr mathematisches Lernen schriftlich dokumentieren. → Kernidee

**Rezipientendesign** (S. 100-109, 112, 129, 143, 147, 151, 153)
Zusammenfassender Begriff für die Beteiligungsweisen nicht-tätig werdender Schüler im Unterricht (→ Gesprächspartner, → (Aufmerksamer) Zuhörer, → Mithörer, → Lauscher, → Bystander; → Produktionsdesign)

**Schreibkonferenzen** (S. 117)
→ Freies Schreiben

**Situationsdefinition** (S. 17, 20ff., 24, 147, 160f.)
Individueller Deutungsprozess der sozialen Situation, in der sich das Individuum gerade befindet. Der Prozess wird durch die Handlungen der anderen in der Situation befindlichen Personen beeinflusst (→ Bedeutungsaushandlung)

**SPS** (S. 49, 61, 67, 96, 135f.)
Aus dem Englischen: social participation structure; deutsch: soziale Partizipationsstruktur (→ Produktionsdesign, → Rezipientendesign) → ATS
**Stützung** (S. 37ff., 93, 144f., 148, 154)
Bestandteil einer → Argumentation (→ Argumentationsanalyse); Sie sind Überzeugungen, die zur Anwendbarkeit eines → Garanten führen. Sie beantworten die Frage: „Warum soll der genannte Garant

*allgemein* als zulässig akzeptiert werden?“

**Traduzierer** (S. 80, 145)
Spezifische Ausformung eines → Produktionsdesigns: der Sprechende ist für die Inhaltsfunktion verantwortlich; die Verantwortung für die Formulierungsfunktion liegt bei einer anderen anwesenden Person, die sich zuvor geäußert hat.

**Trichter-Muster** (S. 51, 54, 61, 144, 148)
Ein spezifisches → Interaktionsmuster in der Lehrerin – Schüler → Dyade

**Turn-by-Turn-Analyse** (S. 25, 27f.)
Teilverfahren der → Interaktionsanalyse. Sie untersucht die Frage, wie andere Interaktanten auf eine Äußerung reagieren und wie sie die Äußerung zu interpretieren scheinen. Indem man eine Beziehung zwischen den verschiedenen Redezügen herstellt, rekonstruiert man die gemeinsame, Zug um Zug erfolgende Themenentwicklung in der Interaktion

**Verdichtung, interaktionale** (S. 145-148, 158ff., 165)
Struktur der mathematischen Unterrichtsinteraktion, die sich durch Optimierungsbemühungen der Lernbedingungen auszeichnet → Gleichfluss, interaktionaler)

**Zuhörer** (S. 101ff.)
Form der direkten Beteiligung; Person, die von einem Sprecher mit seiner Äußerung mit angesprochen wird, an die die Äußerung aber nicht adressiert ist.

**Zuhörer, Aufmerksamer** (S. 100-107, 115, 123, 125, 129ff., 139, 147, 149)
Spezifische Form der direkten Beteiligung bei einer → Podiumsdiskussion

**Zusammenfassende Interpretation** (S. 25, 28)
Teilverfahren der → Interaktionsanalyse. In einem vorläufig letzten Schritt werden die durch die Schritte der Interaktionsanalyse gewonnenen Gesamtinterpretationen einer Szene noch einmal zusammengefasst. Eine solche Zusammenfassung kann den Anstoß zur Theoriegenese geben.

# Transkriptionslegende

| | | |
|---|---|---|
| Spalte 1 | 396 | Fortlaufende Zeilennummerierung. |
| | 396.1 | Nachträglich eingefügte Zeile. |
| | 397.B | Mir haben |
| | | Aktueller Stand im Verschriftlichungsprozess. |
| Spalte 2 | | Namenskürzel. „L" steht für „Lehrerin". |
| Spalte 3 | | Verbale (regulär) und nonverbale (*kursiv)* Handlungen. |

| | |
|---|---|
| / | Stimmhebung. |
| - | Stimme bleibt in der Schwebe. |
| \ | Stimmsenkung. |
| , | Atemholen. |
| . .. ... | Sprechpausen. 1, 2 bzw. 3 Sekunden lang. |
| (4 sec.) | Pause mit Angabe der Länge. |
| **fett** | Besonders betont gesprochenes Wort. |
| g e s p e r r t | Langsam und gedehnt gesprochenes Wort. |
| (Wort) | Nicht zweifelsfrei verstehbares Wort. |
| *unverständlich* | Unverständliche Äußerung. |
| *[Anmerkung]* | Anmerkung oder Ergänzung, bei schwer verständlichen Äußerungen Aufzeigen möglicher Alternativen. |
| + | Ende einer bestimmten angegebenen Sprechweise. |
| # | Es entsteht keine Sprechpause, der zweite Sprecher fällt dem ersten ins Wort. |

| | | |
|---|---|---|
| <M | Die Seite kriegt der da\ | Partiturschreibweise. |
| <S | kriegt | Die Sprecher reden teilweise gleichzeitig. |
| >M | Und die Seite- | Der Wechsel der Pfeilrichtung zeigt einen neuen, |
| >S | kriegt der da\ | unmittelbar anschließenden Partiturblock an. |

# Literatur

Achenbach, Marei: Ethnographische Studie über englischen Mathematikunterricht. Franzbecker, Hildesheim, 1997.

Achenbach, Marei: Verschriftlichungsprozesse im Mathematikunterricht der Grundschule, diskutiert an einem Unterrichtsbeispiel. In: Peschek, Werner (Hrsg.). Beiträge zum Mathematikunterricht. Franzbecker, Hildesheim, 2002, S. 55-58.

Auer, Hanne: Formen des offenen Unterrichts - aufgezeigt am Beispiel des Wochenplanunterrichts. In: Schulmagazin 5 bis 10 (11) 1992, S. 8-11.

Attewell, Paul: Ethnomethodology since Garfinkel. In: Theory and Society, 1, 1974, S. 179-210.

Bärmann, Fritz: Rechnen im Schulanfang. Westermann, Braunschweig, 1966.

Bauersfeld, Heinrich: Kommunikationsmuster im Mathematikunterricht. Eine Analyse am Beispiel der Handlungsverengung durch Antworterwartung. In: ders. (Hrsg): Fallstudien und Analysen zum Mathematikunterricht. Schroedel, Hannover, 1978.

Bauersfeld, Heinrich: Radikaler Konstruktivismus, Interaktionismus und Mathematikunterricht. In: Begemann, Egbert (Hrsg): Lernen verstehen - Verstehen lernen. Peter Lang, Frankfurt a. M. usw., 2000.

Bauersfeld, Heinrich: Rechenlernen im System. In: Fritz, Annemarie / Ricken, Gabi / Schmidt, Siegbert (Hrsg): Rechenschwäche. Lernweg, Schwierigkeiten und Hilfen bei Dyskalkulie. Beltz Verlag, Weinheim, Basel, Berlin, 2003.

Bird, Marion: Mathematics for Young Children. An Active Thinking Approach. The Mathematics Association, Leicester, 1991.

Blumer, Herbert: Der methodologische Standpunkt des symbolischen Interaktionismus. In: Arbeitsgruppe Bielefelder Soziologen (Hrsg): Alltagswissen, Interaktion und gesellschaftliche Wirklichkeit 1. Symbolischer Interaktionismus und Ethnomethodologie. 2. Auflage. Rowohlt, Reinbek bei Hamburg, 1975.

Böhl, Wolfgang : Auf dem Weg zu einer offeneren Wochenplanarbeit. In: Grundschulunterricht 43 (3) 1996, S. 12-15.

Bohnsack, Ralf: Rekonstruktive Sozialforschung. Einführung in Methodologie und Praxis qualitativer Sozialforschung. 2. Auflage. Leske + Budrich, Opladen, 1993.

Bönig, Dagmar: Verständnis multiplikativer Operationen bei Grundschülern. In: Sachunterricht und Mathematik in der Primarstufe. 19. Jg. H. 9, 1991, S. 400-415.

Borasi, Raffaella / Rose, Barbara J.: Journal Writing and Mathematics Instruction. In: Educational Studies in Mathematics, 20. Jg. H. 4, 1989, S. 347-365.

Boueke, Dietrich / Schülein, Frieder: Kindliches Erzählen als Realisierung eines narrativen Schemas. In: Ewers, Hans-Heino (Hrsg.): Kindliches Erzählen, Erzählen für Kinder. Weinheim, Beltz, 1991.

Brandt, Birgit / Krummheuer, Götz: Zwischenbericht DFG-Projekt "Rekonstruktion von 'Formaten kollektiven Argumentierens' im Mathematikunterricht der Grundschule". unveröffentlichtes Papier am Institut für Grundschul- und Intergrationspädagogik des Fachbereichs Erziehungswissenschaft und Psychologie der Freien Universität Berlin, Berlin, 1998.

Brandt, Birgit: Handlungsstränge im Wochenplanunterricht. In: Roßbach, Hans-Günter et al. (Hrsg.): Forschungen zu Lehr- und Lernkonzepten für die Grundschule. Leske + Budrich, Opladen, 2001.

Brandt, Birgit: Kinder als Lernende: Partizipationsspielräume und -profile im Klassenzimmer: eine mikrosoziologische Studie zur Partizipation im Klassenzimmer. Peter Lang, Frankfurt am Main, 2004.

Bruner, Jerome: Child´s talk. Learning to use language. Oxford University Press, Oxford, 1983.

Bruner, Jerome: Actual minds, possible worlds. Cambridge, Harvard University Press, 1986.

Bruner, Jerome: Wie das Kind sprechen lernt. Bern, Huber, 1987.

Bruner, Jerome: Acts of Meaning. Harvard University Press, Cambridge, London, 1990.

Bruner, Jerome: The culture of education. Harvard University Press, Cambridge,1996.

Bruner, Jerome: Sinn, Kultur und Ich-Identiät. Carl-Auer-Systeme, Heidelberg, 1997.

Burton, Grace M.: Writing as a Way of Knowing in a Mathematics Education Class. In: Arithmetic Teacher, 33. Jg., H. 4, 1985, S. 40-45.

Buttny, Richard: Social accountability in communication. London, Sage, 1993.

Clarke, David / Waywood, Andrew /Stephens, Max: Probing the Structure of Mathematic Writing. In: Educational Studies in Mathematics, 25. Jg., 1993, S. 235-250.

Claussen, Claus (Hrsg.): Handbuch Freie Arbeit. Beltz, Weinheim, 1995.

Cobb, Paul / Bauersfeld, Heinrich (Hrsg.): The emergence of mathematical meaning: Interaction in classroom cultures. Lawrence Erlbaum, Hillsdale, 1995.

Cobb, Paul / Yackel, Erna: A constructivist perspective on the culture of the mathematics classroom. In: Seeger, Falk / Voigt, Jörg / Waschescio, Ute (Hrsg.): The culture of the mathematics classroom. Cambridge University Press, Cambridge, 1998.

Collmar, Norbert: Die Lehrkunst des Erzählens: Expression und Imagination. In: Fauser, Peter / Madelung, Eva: Vorstellungen bilden. Beiträge zum imaginativen Lernen. Friedrich Verlag, Seelze, Velber, 1996.

Dreyfus, Tommy: Was gilt im Mathematikunterricht als Beweis? In: Beiträge zum Mathematikunterricht 2003. Hildesheim, Franzbecker, 2002, S.15-22.

Dröge, Rotraut: Kinder schreiben Sachaufgaben selbst. Sachrechenunterricht an Situationen orientiert. In: Die Grundschulzeitschrift, 5. Jg., H. 42, 1991, S. 14-15.

Duden (Hrsg.): Das Fremdwörterbuch. Dudenverlag, Mannheim, 1990.

Eberle, Thomas S.: Ethnomethodologische Konversationsanalyse. In: Hitzler, Ronald / Honer, Anne (Hrsg): Sozialwissenschaftliche Hermeneutik. Leske + Budrich, Opladen, 1997.

Ehlich, Konrad: Erzählen im Alltag. Suhrkamp, Frankfurt am Main, 1980.

Erickson, Frederick : Classroom discourse as improvisation. In: Wilkinson, L. C. (Hrsg): Communicating in the classroom. Academic Press, New York, 1982.

Fetzer, Marei: Verschriftlichungsprozesse im Mathematikunterricht der Grundschule aus interaktionstheoretischer Sicht. In: Journal für Mathematik-Didaktik 24, H. 3/4, 2003, S. 172-189.

Fetzer, Marei: Der Oeuvre-Begriff – Externalisierungsanforderungen an Grundschulkinder im regulären Mathematikunterricht. In: Carle, Ursula / Unckel, Anne (Hrsg.): Entwicklungszeiten – Forschungsperspektiven für die Grundschule. Leske + Budrich, im Druck, 2004a.

Fetzer, Marei: Partizipation an diskursiven Präsentationssituationen. In: Beiträge zum Mathematikunterricht. Hildesheim: Franzbecker, im Druck, 2004b.

Gallin, Peter / Ruf, Urs (Hrsg.): Sprache und Mathematik in der Schule. Auf eigenen Wegen zur Fachkompetenz: Illustriert mit sechzehn Szenen aus der Biographie von Lernenden. Seelze, Kallmeyer, 1998.

Gallin, Peter / Ruf, Urs: Sprache und Mathematik in der Schule. Ein Bericht aus der Praxis. In: Journal für Mathematik-Didaktik, 14. Jg., H. 1, 1993, S. 3-33.

Gallin, Peter / Ruf, Urs: Sprache und Mathematik in der Schule. Verlag Lehrerinnen und Lehrer in der Schweiz, Zürich, 1991.

Garfinkel, Harold: Studies in ethnomethodology. Englewood Cliffs, Prentice-Hall, 1967.

Garlichs,Ariane / Hagestedt, Herbert: Mathematik als erste Fremdsprache. In: Postel, Helmut / Kirsch, Arnold / Blum, Werner (Hrsg.): Mathematik lehren und lernen: Festschrift für Heinz Griese. Hannover: Schrödel, 1991, S. 102-112.

Gellert, Uwe: Veränderungen des fachbezogenen Lehreralltags. Theoretische Bestimmungen, methodologische Konsequenzen und ein Forschungsbeispiel. Franzbecker, Hildesheim, 2003.

Goffman, Erving: The presentation of self in everyday. Doubleday, New York, 1959.

Goffman, Erving: Footing. In: ders. (Hrsg): Forms of talk. University of Philadelphia Press, Philadelphia, 1981.

Gumbrecht, Hans Ulrich: Erzählen in der Literatur - Erzählen im Alltag. In: Ehlich, Konrad: Erzählen im Alltag. Suhrkamp, Frankfurt am Main, 1980.

Habermas, Jürgen: Theorie des kommunikativen Handelns. Suhrkamp, Frankfurt am Main, 1985.

Have ten, Paul: Doing Conversation Analysis. Sage, London, 1999.

Heinze, Aiso / Reiss, Kristina: Dialoge in Klagenfurt II - Perspektiven empirischer Forschung zum Beweisen, Begründen und Argumentieren im Mathematikunterricht. In. Beiträge zum Mathematikunterricht. Franzbecker, Hildesheim, 2002, S. 227-230.

Hiernonimus, Annemarie: Vom Tagesplan zum Wochenplan. In: Grundschulunterricht 43 (3), 1996, S. 16-18.

Hughes, Martin: Cildren and Number. Difficulties in Learning Mathematics. Blackwell, New York, 1986.

Huschke, Peter: Grundlagen des Wocheplanunterrichts. Beltz, Weinheim, 1996.

Jefferson, Gail: Error correction as an interactional resource. In: Language in Society, 2, 1974, S. 181-199.

Kallemeyer, Werner / Schütze, Fritz: Zur Konstitution von Kommunikationsschemata der Sachverhaltsdarstellung. In: Wegner, Dirk Gesprächsanalysen. Helmut Buske, Hamburg, 1977.

Klein, Wolfgang: Argumentation und Argument. In: Zeitschrift für Literaturwissenschaft und Linguistik: (38/39), 1980, S. 9-58.

Knipping, Christine et al: Dialoge in Klagenfurt I - Perspektiven empirischer Forschung zum Beweisen, Begründen und Argumentrieren im Mathematikunterricht. In: Beiträge zum Mathematikunterricht, 2002, S. 271-274

Knorr-Cetina, Karin: Wissenskulturen: ein Vergleich naturwissenschaftlicher Wissensformen. Suhrkamp, Frankfurt am Main, 2002.

Koch, Peter / Oesterreicher, Wulf: Schriftlichkeit und Sprache. In: Günther, Hartmut / Ludwig, Otto (Hrsg.): Schrift und Schriftlichkeit. Ein interdisziplinäres Handbuch internationaler Forschung. 1. Halbband. Walter de Gruyter, Berlin, New York, 1994, S. 587-604.

Koch, Peter / Oesterreicher, Wulf: Sprache der Nähe - Sprache der Distanz. Mündlichkeit und Schriftlichkeit im Spannungsfeld von Sprachtheorie und Sprachgeschichte. In: Deutschmann, Olaf / Flasche, Hans u. a. (Hrsg.): Romanistisches Jahrbuch. Band 36, Walter de Gruyter, Berlin, New York, 1985, S. 15-43.

Kopperschmidt, Josef: Methodik der Argumentationsanalyse. Frommann-Holzboog, Stuttgart - Bad Cannstatt, 1989.

Krauthausen, Günter: Exploration arithmetischer Fähigkeiten von Schulanfängern mit Hilfe eines computersimulierten Sachkontextes. Dissertation. Universität, Fachbereich 12, Dortmund, 1993.

Krummheuer, Götz: Algebraische Termumformungen in der Sekundarstufe I. Abschlußbericht eines Forschungsprojektes. IDM der Universität Bielefeld, Bielefeld, 1983.

Krummheuer, Götz: Die Veranschaulichung als "formatierte" Argumentation im Mathematikunterricht. In: mathematica didactica 12 (4), 1989, S. 225-243.

Krummheuer, Götz: Lernen mit "Format". Elemente einer interaktionistischen Lerntheorie. Diskutiert an Beispielen mathematischen Unterrichts. Deutscher Studien Verlag, Weinheim, 1992.

Krummheuer, Götz: Orientierungen für eine mathematikdidaktische Forschung zum Computereinsatz im Unterricht. In: Journal für Mathematikdidaktik, 14, H. 1, 1993, S. 59-92.

Krummheuer, Götz: The ethnography of argumentation. In: Cobb, Paul / Bauersfeld, Heinrich (Hrsg): The emergence of mathematical meaning: interaction in classroom cultures. Lawrence Erlbaum, Hillsdale, 1995.

Krummheuer, Götz: Narrativität und Lernen. Mikrosoziologische Studien zur sozialen Konstitution schulischen Lernens. Deutscher Studien Verlag, Weinheim, 1997.

Krummheuer, Götz: Eine interaktionistische Modellierung des Unterrichtsalltags - entwickelt in interpretativen Studien zum mathematischen Grundschulunterricht. In: Breidenstein, Gerorg / Combe, Arno / Helsper, Werner / Stelmaszyk, Bernhard: Forum qualitative Schulforschung 2. Leske + Budrich, Opladen, 2002.

Krummheuer, Götz: Wie wird Mathematiklernen im Unterricht der Grundschule zu ermöglichen versucht? - Strukturen des Argumentierens in alltäglichen Situationen des Mathematikunterrichts der Schule. In: Journal für Mathematik-Didaktik 24, H. 2, 2003, S. 122-138.

Krummheuer, Götz / Brandt, Birgit: Paraphrase und Traduktion. Partizipationstheoretische Elemente einer Interaktionstheorie des Mathematiklernens in der Grundschule. Beltz, Weinheim, 2001.

Krummheuer, Götz / Naujok, Natascha: Grundlagen und Beispiele Interpretativer Unterrichtsforschung. Leske + Budrich, Opladen, 1999.

Lehmann, Burkhard E.: Rationalität im Alltag? Zur Konstitution sinnhaften Handelns in der Perspektive interpretativer Soziologie. Waxmann, Münster, New York, 1988.

Levinson, Stephen C.: Putting linguistic on a proper footing: Explorations in Goffman's concepts of participation. In: Drew, Paul / Wootton, Anthony (Hrsg): Exploring the interaction. Polity Press, Cambrigde, 1988, S. 161-227.

McIntosh, Margaret E.: No Time for Writing in Your Class? In: The Mathematics Teacher, 84. Jg., H. 6, 1991, S. 423-433.

Mehan, Hugh / Wood, Houston: The reality of Ethnomethodology. Wiley, New York, 1975.

Miller, Max: Kollektive Lernprozesse. Suhrkamp, Frankfurt am Main, 1986.

Morawietz, Holger: Freiarbeit und Wochenplan verändern die Rolle von Lehrern und Schülern. In: Schulmagazin 5 bis 10, Heft 9, 1995, S. 80-83.

Naujok, Natascha: Schülerkooperation im Rahmen von Wochenplanunterricht - Analyse von Unterrichtsausschnitten aus der Grundschule. Deutscher Studien Verlag, Weinheim, 2000.

Naujok, Natascha / Brandt, Birgit / Krummheuer, Götz: Interaktion im Unterricht. Erscheint demnächst in: Helsper, Werner u. a. (Hrsg.): Handbuch qualitativer Unterrichtsforschung. Leske + Budrich, Opladen, 2004.

Neth, Angelika / Voigt, Jörg: Lebensweltliche Inszenierungen - Die Aushandlung schulmathematischer Bedeutungen an Sachaufgaben. In: Maier, Hermann; Voigt, Jörg: Interpretative Unterrichtsforschung. Köln, Aulis, 1991.

Oesterreicher, Wulf: Types of Orality in Text. In: Bakker, Egbert / Kahane, Ahuvia (Hrsg.): Written Voices, Spoken Signs. Tradition, Performance, and the Epic Text. Harvard University Press, Cambridge, London, England, 1997. S. 190-214.

Oesterreicher, Wulf: Verschriftung und Verschriftlichung im Kontext medialer und konzeptioneller Schriftlichkeit. In: Schäfer, Ursula (Hrsg.): Schriftlichkeit im frühen Mittelalter. Gunter Narr Verlag, Tübingen, 1993, S. 267-292.

Oevermann, Ulrich: Theoretische Skizze einer revidierten Theorie professionalisierten Handelns. In: Combe, Arno / Helsper, Werner (Hrsg.): Pädagogische Professionalität. Untersuchungen zum Typus pädagogischen Handelns. Suhrkamp, Frankfurt am Main, 1996, S. 70-183.

Padberg, Friedhelm: Didaktik der Arithmetik. 2. Auflage. BI Wissenschaftsverlag, Mannheim, 1992.

Prenzel, Manfred (Hrsg): SINUS - Transfer Grundschule. Weiterentwicklung des mathematischen und naturwissenschaftlichen Unterrichts an Grundschulen. BLK, Kiel, 2004.

Radatz, Hendrik: 38+7=7 jeger schiesen auf 50 Hasen, 2 swind schon tot. Kinder erfinden Rechengeschichten. In: Balhorn, Heiko / Brügelmann, Hans (Hrsg.): Bedeutung erfinden - im Kopf, mit Schrift und miteinander. Zur individuellen sozialen Konstruktion von Wirklichkeit. Faude, Konstanz, 1993, S. 28-32.

Radatz, Hendrik: Einige Beobachtungen bei rechenschwachen Grundschülern. In: Lorenz, Jens Holger (Hrsg.): Störungen beim Mathematiklernen. Aulis, Köln, 1991, S. 74-89.

Radatz, Hendrik / Lorenz, Jens Holger: Handbuch des Förderns im Mathematikunterricht. Schroedel, Hannover, 1993.

Ramseger, Jörg: Offener Unterricht in der Erprobung. Juventa, München, 1992.

Reiss, Kristina: Beweisen, Begründen und Argumentieren. Wege zu einem diskursiven Mathematikunterricht. In: Beiträge zum Mathematikunterricht 2003. Franzbecker, Hildesheim, 2002, S. 39-46.

Ruf, Urs / Gallin, Peter (Hrsg.): Dialogisches Lernen in Sprache und Mathematik. Band 1: Austausch unter Ungleichen: Grundzüge einer interaktiven und fächerübergreifenden Didaktik. Kallmeyer, Seelze-Velber, 1998.

Ruf, Urs / Gallin, Peter (Hrsg.): Dialogisches Lernen in Sprache und Mathematik. Band 2: Spuren legen - Spuren lesen: Unterricht mit Kernideen und Reisetagebüchern. Kallmeyer, Seelze-Velber, 1998.

Sacks, Harvey: Lectures on conversation. 3. Auflage. Blackwell, Malden, 1998.

Sahlström, Fritjof: Classroom interaction and "footing". International Communcation Association 47th Annual Conference, Montreal, 1997.

Saxe, Geoffry B. / Guberman, Steven R. / et al.: Social processes in early number development. Monographs of the Society for Research in Child Development. Serial No 216, Vol. 52, No.2, 1987.

Schegloff, Emanuel A.: Discourse as an interactional achievement. Some uses of "uh huh" and other things that come between sentences. In: Tannen, Deborah: Analyzing discourse: Text and Talk. Washington, Georgtown University Press, 1977, S. 71-93.

Schwarzkopf, Ralf: Argumentationsprozesse im Mathematikunterricht. Franzbecker, Hildesheim, 2000.

Seeger, Falk: Vermittlung und Vernetzung als Grundbegriffe einer semiotisch inspirierten Theorie des Lernens. In: Hoffman, Michael (Hrsg.): Mathematik verstehen. Semiotische Perspektiven. Franzbecker, Hildesheim, 2003.

Selter, Christoph: Eigenproduktionen im Arithmetikunterricht der Primarstufe. Grundsätzliche Überlegungen und Realisierungen in einem Unterrichtsversuch zum multiplikativen Rechnen im zweiten Schuljahr. Deutscher Universitäts-Verlag, Wiesbaden, 1994.

Selter, Christoph: Schreiben im Mathematikunterricht. In: Die Grundschulzeitschrift, 10. Jg., H. 92, 1996, S. 16-19.

Sfard, Ana: On two metaphors for learning and the dangers of choosing just one. In: Educational Researcher 27, H. 2, 1998, S. 4-13.

Soeffner, Hans-Georg: Auslegung des Alltags - Der Alltag der Auslegung. Suhrkamp, Frankfurt am Main, 1989.

Söll, Ludwig: Gesprochenes und geschriebenes Französisch. Erich Schmidt, Berlin, 1985. (= Grundlagen der Romanistik; 6)

Spitta, Gudrun: Kinder schreiben eigene Texte: Klasse 1 und 2. Lesen und Schreiben im Zusammenhang. Spontanes Schreiben. Schreibprojekte. Scriptor, Frankfurt, 1988.

Spitta, Gudrun: Schreibkonferenzen - ein Impuls verändert die Praxis. Die Beiträge im Unterricht. In: Die Grundschulzeitschrift, 7. Jg., H. 61, 1993a, S. 6-7.

Spitta, Gudrun: Schreibkonferenzen - haben sie sich bewährt? In: Die Grundschulzeitschrift, 7. Jg., H. 61, 1993b, S. 8-13.

Spitta, Gudrun: Schreibkonferenzen in Klasse 3 und 4. Ein Weg vom spontanen Schreiben zum bewußten Verfassen von Texten. Cornelsen Verlag Scriptor, Berlin, 1992. (= Lehrer-Bücherei: Grundschule)

Spitta, Gudrun: Schreibkonferenzen. In Schreibkonferenzen kriegt man Tips dafür - wenn man Schriftsteller werden will. In: Die Grundschulzeitschrift, 3. Jg., H. 30, 1989, S. 5-9.

Struve, Horst: Probleme bei der Begriffsbildung in der Schulgeometrie - Zum Verhältnis der traditionellen Euklidischen Geometrie zur "Igelgeometrie". In: Journal für Didaktik der Mathematik 8, H. 4, 1987, S. 259-285.

Toulmin, Stephen Edelston: The uses of argument. Cambridge University Press, Cambridge, 1969.

Toulmin, Stephen Edelston: Der Gebrauch von Argumenten. Scriptor, Kronberg, 1975.

Treffers, Adrian: Didactical Background of a Mathematics Program for Primary Education. In: Streefland, Leen (Hrsg.): Realistic Mathematics Education in Primary School. On the Occasion of the Opening of the Freudenthal Institute. Freudenthal Institute, Utrecht, 1991, S. 21-56.

Treffers, Adrian: Three Dimensions. A Model of Goal and Theory Description in Mathematics Education - The Wiskobas Projekt. Riedel, Dordrecht, 1987.

Turner, Jonathan H.: A theory of social interaction. Standford University Press, Standford, 1988.

Voigt, Jörg: Interaktionsmuster und Routinen im Mathematikunterricht. Beltz, Weinheim, 1984.

Voigt, Jörg: Negotiation of mathematical meaning in classroom proccesses. ICME VII, Quebec, 1992.

Voigt, Jörg: Empirische Unterrichtsforschung in der Mathematikdidaktik. In: Dörfler, Willibald: Trends und Perspektiven der Mathematikdidaktik. Hölder-Pichler-Tempsky, Wien, 1994.

Voigt, Jörg: Thematic patterns of interaction and sociomathematical norms. In: Cobb, Paul / Bauersfeld, Heinrich (Hrsg): The emergemce of mathematical meaning: interaction in classroom cultures. Lawrence Erlbaum, Hillsdale, 1995.

Wallrabenstein, Hartmut: Offene Schule - Offener Unterricht. rororo, Reinbek, 1991.

Waywood, Andrew: Informal Writing-to-Learn as a Dimension of Student Profile. In: Educa-tional Studies in Mathematics, 27. Jg., 1994, S. 321-340.

Wellendorf, Franz: Schulische Sozialisation und Identität: zur Sozialpsychologie der Schule als Institution. Beltz, Weinheim, 1973.

Wittmann, Erich Christian / Müller, Gerhard: Handbuch produktiver Rechenübungen. Band 2: Vom halbschriftlichen zum schriftlichen Rechnen. Ernst Klett Schulbuchverlag, Stuttgart, Düsseldorf, Berlin, Leibzig, 1992.

Wittmann, Erich Christian / Müller, Gerhard: Handbuch produktiver Rechenübungen. Band 1: Vom Einspluseins zum Einmaleins. Ernst Klett Schulbuchverlag, Stuttgart, Düsseldorf, Berlin, Leipzig, 1990.

Wood, Terry / Cobb, Paul / et al.: Rethinking elementary school mathematics: Insights and Issues. Reston, Vi, The National Council of Teachers of Mathematics, 1993.